新・数理/工学ライブラリ [応用数学＝2]

複素関数論の基礎

本多 尚文・神保 秀一・梅田 陽子 著

数理工学社

編者のことば

21 世紀に入って基礎科学や科学技術の発展は続いています．数学や宇宙や物質に関する様々な基礎科学の研究から生活を支える様々な製品や機器や，エネルギー，バイオ，通信，情報理論に関する工学的研究まで様々な進展が見られます．微分積分学が創始された 17 世紀以降において数理的な諸科学では数式や数学理論が学問を基礎や側面からその発展を支えています．そしてこれからも続いていくことでしょう．近年，理工系分野では日本人の貢献は特筆すべきものがあり，それもベテランから若い人まで広い世代によってなされ，いくつかの仕事は世界的に広く認識されて非常に誇らしく感じています．日本の科学技術研究のこれらの流れは今後も続いていくことが期待されます．この「新・数理/工学ライブラリ［応用数学］」はこのような科学や技術の分野における人の育成に貢献していくことを目的に考えられました．大学の理工系学部では，基礎課程において数学の科目が多く課されています．微分積分学の理解が第一に大事な学力の基盤となりますが，それに続いて学ぶべき科目としては微分方程式入門，複素関数論，ベクトル解析，フーリエ解析，数値解析，確率統計などが重要な科目となります．これらはいずれも昔から理工系の専門基礎科目として伝統的なものですが科学が進んでも重要度が下がることはありません．何かの研究や技術において何か革新が起こる際には実はその課題の根本から見直されるからです．そしてまた，それを成すのは既存の枠から外に出て基礎から全体を自由に見直すことができる人で，数学力がその人を支えます．この応用数学ライブラリがそのような人々を育成することに大いに役立って行くことを望んでいます．

神保秀一

はじめに

本書は複素関数論の入門書である．17 世紀に微分積分学が創始され，その後追い風を受けるように諸科学が近代化した．数学には多くの分野があるがいずれの基礎にも微分積分学が存在している．複素関数論は複素関数に対する微分積分学ともいえるが，それは複素領域における関数を調べる方法や技術といったことに止まらず，新規の発想や研究の種を提供することで多くの数学分野の形成発展に寄与してきた．複素関数論にはいくつかの著しい特徴がある．観点別にいくつかあげてみよう．

(i)　代数，幾何，解析など多くの分野に縦横に関わっている

(ii)　数学以外の理工系分野に広く応用されている

(iii)　表現がシンプルでも豊かな中身を有する深い結果が多数ある

(iv)　数学者の名前がついた定理がたくさんある

(v)　具体的な美しい計算例がたくさんあり学んでいて楽しい

以上の理由から複素関数論を学ぶことは理工系の初学者にとって大変有意義である．

本書の各章の内容を紹介する．第 1 章では複素数の導入から始め複素平面を定式化する．これは読者には既知の内容と思われるが知識を整理する機会として頂きたい．第 2 章では複素関数の代表例やベキ級数の基礎を確認する．また e^z, $\cos z$, $\sin z$ などのベキ級数展開を調べる．これによって微分積分の基礎知識を充実させ複素数を使った様々な議論に慣れて欲しい．また問や例などを通して複素関数の考え方に慣れて頂きたい．第 3 章からは複素微分可能性や正則関数の本論に入り基本的な諸性質を順々に論述してゆく．第 4 章では主要定理であるコーシーの積分定理，コーシーの積分公式およびその証明の概要を論述する．さらにコーシーの積分公式から得られるいろいろな定理や適用例を扱う．計算例や問に取り組むことで理解を深めることができるであろう．ここが複素関数論の 1 つの山であるのでこれを習得することが第 1 の目標といえる．第 5 章はさらなる発展といえる．正則関数や有理型関数のさらなる性質を見て

ゆく．この部分は複素関数論の名所というべきところで第 4 章までで力を蓄えてきた読者は有名な定理を楽しんで学べるであろう．各章には演習問題があり実力を試す意味で取り組んで欲しい．本書の執筆に際して藤家・岸[6]，小松[7]，林・長坂[8]，武藤[9]，シュタイン・シャカルチ[10]，佐藤[11]，カルタン[15] を参考にさせて頂いた．

ここで本書の虚数単位の記号について 1 つ述べておきたい．虚数単位には通常 i（あるいは j など）が用いられるが，一方で微分積分などでは関数や級数で変数の添え字としても利用される（x_i, y_j など）．そこで本書では区別のため虚数単位には太字の $\boldsymbol{i}$ を用いることにした．読者諸君がノートで学習する際には本と同じ記号を用いる必要はなく慣れている記号を用いればよい．

本書を読み始めるためには大学初年度で学ぶ 1 変数の微分積分の基礎的内容を身につけていれば十分である．学ぶ意欲と計算力があれば独学でも十分通読できる．学習する過程で内容を読解する際には数式をノートで計算しながら進んでいくことを奨める．

本書の執筆の過程において北大の数学関連の同僚の方々と意見交換や議論をした．数理工学社の田島伸彦氏，鈴木綾子氏，仁平貴大氏には執筆全般についてお世話頂いた．これらのみなさんに感謝したいと思う．本書が自然科学および理工系の専門分野に進む学生諸君の役に立つことを念願する．

2023 年 10 月

著者一同

目　次

基礎的な用語，記号および事項

本書で用いられる用語や記号，前提とされる基礎事項について簡潔にまとめる．

数と数の集合

$\mathbb{N} = \{1, 2, 3, \ldots\}$：自然数全体，$\mathbb{Z} = \{0, \pm 1, \pm 2, \pm 3, \ldots\}$：整数全体

$\mathbb{R}$：実数全体，$\mathbb{C}$：複素数全体，$\mathbb{Z}_+ = \{0, 1, 2, 3, \ldots\}$：非負整数全体

実数の集合 $\mathbb{R}$ の基本性質

(i)　四則演算が備わっている（演算 $+, -, \times, \div$ の機能）

(ii)　順序関係が備わっている（大小関係を表す不等号 $<, >, =$ のシステム）

(iii)　連続性がある（切れ目がない）

絶対値　実数 $x \in \mathbb{R}$ に対し $|x|$ を次のように定める．

$$|x| = \begin{cases} x & (\text{if} \quad x \geqq 0) \\ -x & (\text{if} \quad x < 0) \end{cases}$$

$|x|$ は x の絶対値と呼ばれ，0 以上の値をとり以下の性質が成立する．

$$|xy| = |x|\,|y|, \quad |x + y| \leqq |x| + |y| \quad (x, y \in \mathbb{R})$$

集合，包含関係　要素 x が集合 A に属することを $x \in A$ と表す．これは $A \ni x$ とも書く．$x \in A$ が成立しないことを $x \notin A$ と書く．集合 A, B に対し $A \subset B$ は A のすべての要素が B に属することを意味する．これは $B \supset A$ と同じ．A は B に含まれる，あるいは A は B の**部分集合**であるともいう．

集合算　E, F を集合とする．

(i)　E と F のどちらにも属する要素の全体を $E \cap F$ と書く．

(ii)　E または F に属する要素の全体を**和集合**と呼び $E \cup F$ と書く．

(iii)　E から F の要素をすべて除いてできる集合を $E \setminus F$ と書く．

$$E \setminus F = \{x \in E \mid x \notin F\}$$

以下の性質（**分配法則**）が成立する．

$$E \cap (F \cup G) = (E \cap F) \cup (E \cap G), \quad E \cup (F \cap G) = (E \cup F) \cap (E \cup G)$$

集合算で 2 つ以上の和や交わりも定まる．さらに無限個の和や交わりも可能である．

(iv)　E と F の直積集合を次のように定める．

$$E \times F = \{(x, y) \mid x \in E,\ y \in F\}$$

3 つ以上の集合の直積集合も同様に定められる．直積集合は多次元のユークリッド空間を定める際にも現れる．

$$\mathbb{R}^2 = \mathbb{R} \times \mathbb{R} = \{(x_1, x_2) \mid x_1, x_2 \in \mathbb{R}\}$$
$$\mathbb{R}^3 = \mathbb{R} \times \mathbb{R} \times \mathbb{R} = \{(x_1, x_2, x_3) \mid x_1, x_2, x_3 \in \mathbb{R}\}$$

(i), (ii), (iii), (iv) などに現れる集合の操作を**集合算**という．

補集合　集合 $E \subset \mathbb{R}^n$ に対し $E^c = \mathbb{R}^n \setminus E$ とおく．これを E の**補集合**という．$(E^c)^c = E$ は明らかである．また $E \subset F$ と $E^c \supset F^c$ は同値になる．また，次の**ド・モルガンの法則**は有名である．

$$(E \cap F)^c = E^c \cup F^c, \quad (E \cup F)^c = E^c \cap F^c$$

写像，関数　X, Y を集合として，各 $x \in X$ に対して Y のある要素 y を対応させる一定の規則（システム）を写像という．写像を f と書き，この対応関係を $y = f(x)$ などと表す．またこの状況を

$$f \colon X \longrightarrow Y$$

と表現する．X を**始集合**（または**定義域**），Y を**終集合**という．また $X = Y$ のときは，写像 f は**変換**といわれる．写像のうち終集合 Y が数の集合の場合，特に $Y = \mathbb{R}, Y = \mathbb{C}$ などの場合を**関数**という．

写像では以下のものが重要な役割をはたすことが多い．

(i)　写像 $f \colon X \longrightarrow Y$ に対し，『任意の異なる $x, y \in X$ に対して $f(x) \neq f(y)$ となる』とき f は**単射**であるという．

(ii)　写像 $f \colon X \longrightarrow Y$ に対し，条件『任意の $z \in Y$ に対して $f(x) = z$ となるような $x \in X$ が存在する』が成立するとき f は**全射**であるという．

(iii)　写像が単射かつ全射であるとき**全単射**であるという．

ベクトル，長さ，内積，距離　ベクトル $\boldsymbol{a} = (a_1, a_2, \ldots, a_n), \boldsymbol{b} = (b_1, b_2, \ldots, b_n) \in \mathbb{R}^n$ に対して，長さ $|\boldsymbol{a}|$ および内積 $(\boldsymbol{a}, \boldsymbol{b})$ を次で定める．

$$|\boldsymbol{a}| = (a_1^2 + a_2^2 + \cdots + a_n^2)^{1/2}, \quad (\boldsymbol{a}, \boldsymbol{b}) = a_1 b_1 + a_2 b_2 + \cdots + a_n b_n$$

このとき，次のシュワルツの不等式（前者）および三角不等式（後者）が成立する．

$$|(\boldsymbol{a}, \boldsymbol{b})| \leqq |\boldsymbol{a}|\,|\boldsymbol{b}|, \qquad |\boldsymbol{a} + \boldsymbol{b}| \leqq |\boldsymbol{a}| + |\boldsymbol{b}|$$

この 2 つはベクトルの内積，長さのもつ重要な性質を表している．これによって 2 点 P, Q の間の距離を $|\overrightarrow{\mathrm{PQ}}|$ で与えることができる．上の 2 つの不等式は成分表示すれば次の通りとなり，様々な場面で数値や数量の上からの評価をする際に活用される．

$$(a_1b_1+a_2b_2+\cdots+a_nb_n)^2 \leqq (a_1^2+a_2^2+\cdots+a_n^2)(b_1^2+b_2^2+\cdots+b_n^2)$$
$$((a_1+b_1)^2+\cdots+(a_n+b_n)^2)^{1/2} \leqq (a_1^2+\cdots+a_n^2)^{1/2}+(b_1^2+\cdots+b_n^2)^{1/2}$$

集合の直径　集合 $A \subset \mathbb{R}^n$ に対して，その直径を $\mathrm{Diam}(A) = \sup_{x,y\in A} |x-y|$ と定める．集合 A の直径は条件『$x, y \in A \Longrightarrow |x-y| \leqq M$』を満たす M の最小値と言い換えることができる．これは集合のサイズを大まかに規定する量といえる．sup（上限）についての説明は補足にもある．

微分積分学の基本定理　区間 $[a,b]$ 上の連続関数 $f = f(x)$ に対して f の原始関数 F が存在する（$F'(x) = f(x)$）．また

$$\int_a^b f(x)\,dx = F(b) - F(a)$$

が成立する．原始関数 F は

$$F(x) = \int_a^x f(y)\,dy + c \quad (c \text{ は定数})$$

と表現される．f が複素数値関数でも成立する．

代表的な極限　（ただし α, β は任意の正定数）

$$\lim_{x\to 0}\frac{\sin x}{x} = 1, \qquad \lim_{x\to 0}\frac{e^x-1}{x} = 1, \quad \lim_{x\to 0}\frac{\log(1+x)}{x} = 1$$
$$\lim_{x\to\infty} x^{1/x} = 1, \quad \lim_{x\to\infty}\frac{x^\alpha}{(1+\beta)^x} = 0, \quad \lim_{x\to\infty}\frac{(\log x)^\alpha}{x^\beta} = 0$$

ガウス積分

$$\int_{-\infty}^{\infty} e^{-x^2}\,dx = \sqrt{\pi}$$

等比級数，指数関数，三角関数のマクローリン展開

$$\frac{1}{1-x} = 1 + x + x^2 + x^3 + \cdots \quad (-1 < x < 1)$$
$$e^x = 1 + \frac{x}{1!} + \frac{x^2}{2!} + \frac{x^3}{3!} + \cdots = \sum_{m=0}^{\infty}\frac{x^m}{m!} \quad (x \in \mathbb{R})$$
$$\sin x = x - \frac{x^3}{3!} + \frac{x^5}{5!} - \cdots = \sum_{m=1}^{\infty}\frac{(-1)^{m-1}x^{2m-1}}{(2m-1)!} \quad (x \in \mathbb{R})$$
$$\cos x = 1 - \frac{x^2}{2!} + \frac{x^4}{4!} - \cdots = \sum_{m=0}^{\infty}\frac{(-1)^m x^{2m}}{(2m)!} \quad (x \in \mathbb{R})$$

$$\log(1+x) = x - \frac{x^2}{2} + \frac{x^3}{3} - \cdots = \sum_{m=1}^{\infty} \frac{(-1)^{m-1}x^m}{m} \quad (-1 < x < 1)$$

$$(1+x)^\alpha = 1 + \sum_{m=1}^{\infty} \frac{\alpha(\alpha-1)(\alpha-2)\cdots(\alpha-m+1)}{m!} x^m \quad (|x| < 1,\ \alpha > 0)$$

ランダウの記号 $\boldsymbol{O}$, $\boldsymbol{o}$ 関数の漸近挙動を手短に表現する記号としてランダウの O（大文字），o（小文字）がある．例えば $\sin x = x + O(x^3)$ $(x \to 0)$, $e^x = 1 + x + O(x^2)$ $(x \to 0)$ などがある．正確には次の通りである．2 つの関数 $F(x)$, $G(x)$ に関し，$x \to a$ に対し $F(x) \to 0$ である前提で，次の簡略記号を用いる．

$$\limsup_{x \to a} \left| \frac{F(x)}{G(x)} \right| < \infty \quad \text{のことを} \quad F(x) = O(G(x))\ (x \to a)\ \text{と記す．}$$

$$\lim_{x \to a} \left| \frac{F(x)}{G(x)} \right| = 0 \quad \text{のことを} \quad F(x) = o(G(x))\ (x \to a)\ \text{と記す．}$$

最大値，最小値 実数 a, b に対して

$$\max(a,b) = \begin{cases} b & (\text{if} \quad a \leqq b) \\ a & (\text{if} \quad a > b) \end{cases}, \quad \min(a,b) = \begin{cases} a & (\text{if} \quad a \leqq b) \\ b & (\text{if} \quad a > b) \end{cases}$$

とおく．実数 x の絶対値は $|x| = \max(x, (-x))$ と表現できる．また

$$\max(a,b) = \frac{1}{2}(a + b + |a-b|), \qquad \min(a,b) = \frac{1}{2}(a + b - |a-b|)$$

の関係も成立する．3 つ以上の実数 $a_1, a_2, \ldots, a_n$ の最大値については

$$\max(a_1, a_2, \ldots, a_n) = \max(\max(a_1, a_2, \ldots, a_{n-1}), a_n)$$

として帰納的に表現できる．最小値についても同様に帰納的に定まる．

$$\min(a_1, a_2, \ldots, a_n) = \min(\min(a_1, a_2, \ldots, a_{n-1}), a_n)$$

$E \subset \mathbb{R}$ が有限集合（要素が有限個）ならば最大値 $\max E$ と最小値 $\min E$ が定まる．E が無限集合の場合は以下のように特徴付けられる．

$a = \max E$ とは，2 条件 $a \in E$ かつ $a \geqq x$ $(\forall x \in E)$ となること

$b = \min E$ とは，2 条件 $b \in E$ かつ $b \leqq x$ $(\forall x \in E)$ となること

E が無限集合の場合は，最大値や最小値は一般には定まらず，それを補うものとして，上限 $\sup E$，下限 $\inf E$ という概念がある．これについては補足に説明がある．

以上の事項の詳しい記述は，佐武[1]，齋藤[2]，笠原[4]，黒田[5]，杉浦[12]，神保・本多[3] および数学辞典[17] などで見られる（巻末の文献表を参照）．

第 1 章

複素数，複素平面

本章では複素数，複素平面の導入，基礎事項から始めて，四則演算やその幾何的なはたらきなどを見る．また，指数関数の $\mathbb{C}$ への拡張や関連する基本的な計算を学ぶ．

1.1 複素数

本節ではまず複素数を導入する．実数の全体を $\mathbb{R}$ とし，それに基づいて複素数とその四則演算などを導入する．まず**虚数単位** $\boldsymbol{i}$ を考える．いま $x, y \in \mathbb{R}$ に対し

$$z = x + y\boldsymbol{i}$$

という数式を考えこれを**複素数**という．z に対し x を**実部**，y を**虚部**といい $\mathrm{Re}(z) = x, \mathrm{Im}(z) = y$ と書く．2 つの複素数が一致するとは，実部，虚部がともに一致することである．すべての $x, y \in \mathbb{R}$ をとって得られる z の全体を $\mathbb{C}$ と表す．$y = 0$ のとき，自然に $x + 0\boldsymbol{i} = x$ と見なせば $\mathbb{R} \subset \mathbb{C}$ と思うことができる．また $x = 0$ の場合を**純虚数**という．集合として見ると $\mathbb{C}$ は $\mathbb{R}^2$ と本質的に同等ということができる (要素が互いに 1 対 1 に対応しているため)†．これから $\mathbb{C}$ に四則演算を導入しよう．2 つの要素

$$z_1 = x_1 + y_1\boldsymbol{i}, \quad z_2 = x_2 + y_2\boldsymbol{i} \in \mathbb{C} \quad (x_j, y_j \in \mathbb{R},\ j = 1, 2)$$

に対し，**和**と**積**を

† 同一視によって $\mathbb{R}^2$ と同じなら $\mathbb{C}$ は必要ないと考える人もいるかもしれないが決してそうではない．

$$z_1 + z_2 = (x_1 + x_2) + (y_1 + y_2)\boldsymbol{i}$$
$$z_1 z_2 = (x_1 x_2 - y_1 y_2) + (x_1 y_2 + x_2 y_1)\boldsymbol{i}$$

と定める．それぞれの定義式の右辺の括弧の中の演算は通常の実数の和と積である．複素数の m 乗についても $z^2 = zz$, $z^3 = zz^2, \ldots, z^m = zz^{m-1}$ として帰納的に定めれば良い．また $\boldsymbol{i}^2 = -1$ が成り立っていることに注意する†．これらの演算法則によって $\mathbb{C}$ の中に和と積の仕組みが定められた．差については $z_1 - z_2 = z_1 + (-1)z_2$ で定める．以上の定義で z_1, z_2 が実数のときは自然に実数の和，積，差になっていることも簡単に確認できる．また，$z_1 + z_2 = z_2 + z_1$（和に関する交換法則），$(z_1 + z_2) + z_3 = z_1 + (z_2 + z_3)$（和に関する結合法則）および $z_1 z_2 = z_2 z_1$（積に関する交換法則）も定義から容易に従う．さらに次の演算法則も成立する．

命題 1.1　複素数について次が成立する（前者は分配法則，後者は積に関する結合法則）．

$$z_1(z_2 + z_3) = z_1 z_2 + z_1 z_3, \quad (z_1 z_2) z_3 = z_1(z_2 z_3) \quad (z_1, z_2, z_3 \in \mathbb{C})$$

証明　$z_j = x_j + y_j \boldsymbol{i}$ $(x_j, y_j \in \mathbb{R},\ j = 1, 2, 3)$ として計算する．

$$\begin{aligned} z_1(z_2 + z_3) &= (x_1 + y_1\boldsymbol{i})((x_2 + x_3) + (y_2 + y_3)\boldsymbol{i}) \\ &= x_1(x_2 + x_3) - y_1(y_2 + y_3) + (x_1(y_2 + y_3) + y_1(x_2 + x_3))\boldsymbol{i} \\ &= (x_1 x_2 - y_1 y_2) + (x_1 y_2 + y_1 x_2)\boldsymbol{i} \\ &\quad + (x_1 x_3 - y_1 y_3) + (x_1 y_3 + y_1 x_3)\boldsymbol{i} \\ &= z_1 z_2 + z_1 z_3 \end{aligned}$$

$$\begin{aligned} (z_1 z_2) z_3 &= ((x_1 x_2 - y_1 y_2) + (x_1 y_2 + x_2 y_1)\boldsymbol{i})(x_3 + y_3\boldsymbol{i}) \\ &= \{(x_1 x_2 - y_1 y_2) x_3 - (x_1 y_2 + x_2 y_1) y_3\} \\ &\quad + \{(x_1 x_2 - y_1 y_2) y_3 + (x_1 y_2 + x_2 y_1) x_3\}\boldsymbol{i} \\ &= \{x_1(x_2 x_3 - y_2 y_3) - y_1(x_3 y_2 + x_2 y_3)\} \\ &\quad + \{y_1(x_2 x_3 - y_2 y_3) + x_1(x_3 y_2 + x_2 y_3)\}\boldsymbol{i} \\ &= (x_1 + y_1\boldsymbol{i})\{(x_2 x_3 - y_2 y_3) + (x_3 y_2 + x_2 y_3)\boldsymbol{i}\} = z_1(z_2 z_3) \quad ■ \end{aligned}$$

† このことから虚数単位は $\boldsymbol{i} = \sqrt{-1}$ と表すこともある．

問 **1.1** 次の等式を示せ.

$$\mathrm{Re}(\boldsymbol{i}z) = -\mathrm{Im}(z), \quad \mathrm{Im}(\boldsymbol{i}z) = \mathrm{Re}(z)$$

通常 $\mathrm{Re}\, z = \mathrm{Re}(z)$, $\mathrm{Im}\, z = \mathrm{Im}(z)$ の記号も用いられる.

割り算の導入には少し準備が必要である.

命題 1.2 $z \in \mathbb{C}$ かつ $z \neq 0$ ならば $z\zeta = \zeta z = 1$ となる唯一の $\zeta \in \mathbb{C}$ が存在する.

証明 $z = x + y\boldsymbol{i} \neq 0$ $(x, y \in \mathbb{R})$ とする. このとき, $x \neq 0$ または $y \neq 0$ であるから $x^2 + y^2 > 0$ となることに注意. ここで, $\zeta = \xi + \eta\boldsymbol{i}$ $(\xi, \eta \in \mathbb{R})$ とおいて

$$z\zeta = \zeta z = (x\xi - y\eta) + (x\eta + y\xi)\boldsymbol{i} = 1$$

として $x\xi - y\eta = 1$, $x\eta + y\xi = 0$. これを解いて $\xi = x/(x^2 + y^2)$, $\eta = (-y)/(x^2 + y^2)$ を得る. 逆に $\zeta = x/(x^2 + y^2) + ((-y)/(x^2 + y^2))\boldsymbol{i}$ が $z\zeta = \zeta z = 1$ を満たすことは容易に確かめられる. ■

記号 上の命題で得られた ζ を z^{-1} または $1/z$ と書く. これによって $zz^{-1} = z^{-1}z = 1$ となり実数の場合と同様の法則が成立していることがわかる. $\boldsymbol{i}^2 = -1$ より $\boldsymbol{i}(-\boldsymbol{i}) = 1$ となるから $\boldsymbol{i}^{-1} = -\boldsymbol{i}$ が従う.

割り算, 負ベキ $w, z \in \mathbb{C}$, $z \neq 0$ ならば次のようにして割り算を定義できる.

$$\frac{w}{z} = w/z = wz^{-1}$$

m が負の整数のときは $z^m = (z^{-1})^{-m}$ として複素数の負のベキ乗を定める.

以上で $\mathbb{C}$ に四則演算が導入されたが, 新たな演算は実数の演算が自然に複素数まで拡張されている. よって記号を区別する必要はなく, 交換法則や結合法則などの演算法則もそのまま有効であるといえることに注意しよう.

計算例 演算規則に従って計算を実行する.

(1) $(1 + 2\boldsymbol{i})(1 - \boldsymbol{i}) = 1 + 2\boldsymbol{i} - \boldsymbol{i} - 2\boldsymbol{i}^2 = 3 + \boldsymbol{i}$

(2) $$\begin{aligned}(1 - 3\boldsymbol{i})^3 &= 1 + 3(-3\boldsymbol{i}) + 3(-3\boldsymbol{i})^2 + (-3\boldsymbol{i})^3 \\ &= 1 - 9\boldsymbol{i} - 3 \cdot 9 - 27(-\boldsymbol{i}) = -26 + 18\boldsymbol{i}\end{aligned}$$

共役複素数，絶対値 任意の $z = x + y\boldsymbol{i} \in \mathbb{C}$ $(x, y \in \mathbb{R})$ に対して，**共役複素数** $\overline{z}$ と**絶対値** $|z|$ を

$$\overline{z} = x + (-y)\boldsymbol{i}, \quad |z| = \sqrt{x^2 + y^2}$$

によって定める†．このとき $(\mathrm{Re}\, z)^2 + (\mathrm{Im}\, z)^2 = |z|^2$ である．また，次の公式も定義から簡単に確認できる．

命題 1.3 $z \in \mathbb{C}$ に対して次が成立する．

$$|z| = |\overline{z}|, \quad z\overline{z} = |z|^2, \quad \overline{z} = \frac{|z|^2}{z}, \quad z^{-1} = \frac{1}{z} = \frac{\overline{z}}{|z|^2}$$

ただし，3, 4 番目の等式では $z \neq 0$ とする．

計算例

$$\begin{aligned}\frac{1 - 3\boldsymbol{i}}{2 - \boldsymbol{i}} &= \frac{(1 - 3\boldsymbol{i})(2 + \boldsymbol{i})}{2^2 + 1^2} \\ &= \frac{2 + \boldsymbol{i} - 3\boldsymbol{i} \cdot 2 - 3\boldsymbol{i}^2}{5} = \frac{5 - 5\boldsymbol{i}}{5} = 1 - \boldsymbol{i}\end{aligned}$$

問 **1.2** $z \in \mathbb{C}$ に対し，次を示せ．

$$\mathrm{Re}(z) = \frac{1}{2}(z + \overline{z}), \quad \mathrm{Im}(z) = \frac{1}{2\boldsymbol{i}}(z - \overline{z})$$

命題 1.4 $z, z_1, z_2 \in \mathbb{C}$ に対して次が成立する．

$$|\mathrm{Re}(z)| \leqq |z|, \quad |\mathrm{Im}(z)| \leqq |z|, \quad |z| \leqq |\mathrm{Re}(z)| + |\mathrm{Im}(z)|,$$
$$|z_1 z_2| = |z_1||z_2|, \quad \overline{z_1 z_2} = \overline{z_1}\,\overline{z_2}$$

証明 最初の 2 つは $|z|$ の定義から従う．3 つ目を示す．$x = \mathrm{Re}(z)$, $y = \mathrm{Im}(z)$ とし

$$(|x| + |y|)^2 = x^2 + 2|x||y| + y^2 \geqq x^2 + y^2 = |z|^2$$

となり成立する．次は $x_j = \mathrm{Re}(z_j)$, $y_j = \mathrm{Im}(z_j)$ $(j = 1, 2)$ として

$$z_1 z_2 = (x_1 x_2 - y_1 y_2) + (x_1 y_2 + x_2 y_1)\boldsymbol{i}$$

† 絶対値記号も実数の場合の拡張になっている．

であるから

$$|z_1z_2|^2=(x_1x_2-y_1y_2)^2+(x_1y_2+x_2y_1)^2=(x_1^2+y_1^2)(x_2^2+y_2^2)=|z_1|^2|z_2|^2$$

から4つ目の式が成立する．5つ目の式は次の計算より従う．

$$\begin{aligned}\overline{z_1z_2}&=(x_1x_2-y_1y_2)+(-x_1y_2-x_2y_1)\boldsymbol{i}\\&=(x_1x_2-(-y_1)(-y_2))+(x_1(-y_2)+x_2(-y_1))\boldsymbol{i}=\overline{z_1}\,\overline{z_2}\quad\blacksquare\end{aligned}$$

命題 1.5　$z_1,z_2\in\mathbb{C}$ に対して次が成立する．

$$|\mathrm{Re}(z_1z_2)|\leqq|z_1||z_2|,\quad|\mathrm{Im}(z_1z_2)|\leqq|z_1||z_2|,\quad|z_1+z_2|\leqq|z_1|+|z_2|$$

証明　前半は命題1.4で示された $|w_1w_2|=|w_1||w_2|$ および $|w|\geqq|\mathrm{Re}(w)|$, $|w|\geqq|\mathrm{Im}(w)|$ から従う．最後の不等式は前2つの不等式を利用して次のように計算すれば良い．

$$\begin{aligned}|z_1+z_2|^2&=(z_1+z_2)(\overline{z_1+z_2})=(z_1+z_2)(\overline{z_1}+\overline{z_2})\\&=z_1\overline{z_1}+z_1\overline{z_2}+z_2\overline{z_1}+z_2\overline{z_2}=|z_1|^2+z_1\overline{z_2}+\overline{z_1\overline{z_2}}+|z_2|^2\\&=|z_1|^2+2\,\mathrm{Re}(z_1\overline{z_2})+|z_2|^2\leqq|z_1|^2+2|z_1||z_2|+|z_2|^2\\&=(|z_1|+|z_2|)^2\quad\blacksquare\end{aligned}$$

問 **1.3**　$z,z_1,z_2\in\mathbb{C}$, $z\neq0$, $z_2\neq0$ に対して次を示せ．

$$\overline{(z^{-1})}=(\overline{z})^{-1},\quad|z^{-1}|=\frac{1}{|z|},\quad\left|\frac{z_1}{z_2}\right|=\frac{|z_1|}{|z_2|}$$

1.2 複素平面

複素数の全体の集合 $\mathbb{C}$ を 2 次元平面に対応させ幾何的な対象として考えることができ，様々な議論に非常に有用であることがわかっている（図 **1.1**）．

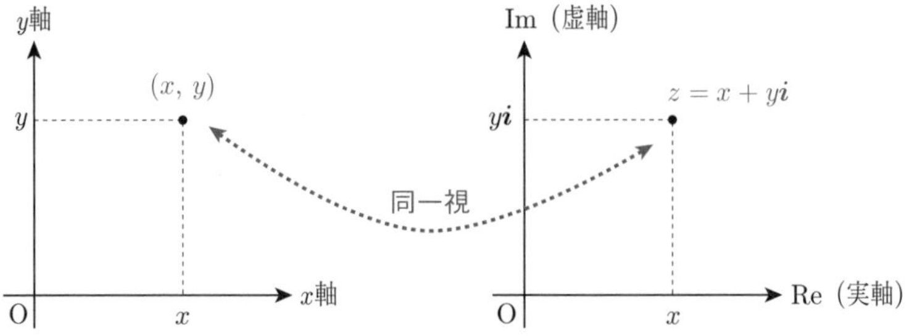

図 **1.1**　xy 平面と複素平面の同一視

複素数の演算を平面上で有機的に表現し機能させる考えは数学者ガウスによるとされている．$z \in \mathbb{C}$ に対して $x = \mathrm{Re}(z)$, $y = \mathrm{Im}(z)$ として xy 平面 $\mathbb{R}^2$ 上の点 (x, y) に対応させ同一視する．この 2 次元平面を**複素平面**という．x 軸を**実軸**，y 軸を**虚軸**と呼ぶ．以上のやり方で $z \in \mathbb{C}$ を 2 次元平面上の点に 1 対 1 に対応させることができる．

$\mathbb{C}$ をこの複素平面とし，複素関数をこの平面上の関数として考えることで多大な利益が得られることになる．複素数 $0 = 0 + 0\boldsymbol{i}$ は複素平面上の原点となる．

複素数の極表示　$z \in \mathbb{C}$ に対して $x = \mathrm{Re}(z)$, $y = \mathrm{Im}(z)$ とする．$(x, y) \in \mathbb{R}^2$ を通常の極座標で表示することを考える．すなわち $x = r\cos\theta$, $y = r\sin\theta$ $(r \geqq 0,\ -\pi < \theta \leqq \pi)$ とする．これで元の複素数 z は

$$z = r(\cos\theta + (\sin\theta)\boldsymbol{i})$$

と書ける（図 **1.2**）．r を**動径**，θ を**偏角**という．$\theta = \arg(z)$ という書き方もよく利用される．このような複素数 z の表示を**極表示**という†．また複素平面の上で z の位置が r, θ によって明確化される．また以下で幾何的な状況を見る際にも便利である．

† 極形式ともいう．

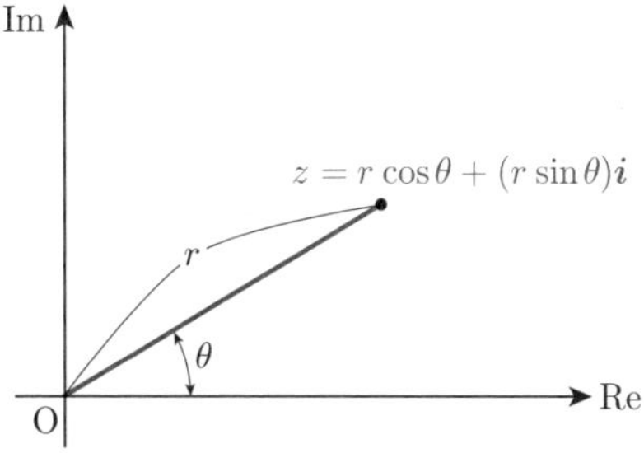

図 **1.2** 複素数の極表示

命題 1.6（ド・モアブルの公式） $m \in \mathbb{Z}$, $\theta \in \mathbb{R}$ に対して，次の公式が成り立つ．

$$(\cos\theta + (\sin\theta)\boldsymbol{i})^m = \cos(m\theta) + (\sin(m\theta))\boldsymbol{i}$$

証明 m が正の整数の場合にこの等式が正しいことを帰納法で示す．$m = 1$ のときは自明．m が 1 以上の整数として結論が正しいとする．両辺に $\cos\theta + (\sin\theta)\boldsymbol{i}$ をかけて計算する．

$$\begin{aligned}
&\{\cos\theta + (\sin\theta)\boldsymbol{i}\}^{m+1} \\
&= (\cos(m\theta) + (\sin(m\theta))\boldsymbol{i})(\cos\theta + (\sin\theta)\boldsymbol{i}) \\
&= (\cos(m\theta)\cos\theta - \sin(m\theta)\sin\theta) + (\cos(m\theta)\sin\theta + \sin(m\theta)\cos\theta)\boldsymbol{i} \\
&= \cos((m+1)\theta) + (\sin((m+1)\theta))\boldsymbol{i}
\end{aligned}$$

となり $m + 1$ の場合も等式が成立し数学的帰納法によりすべての自然数 m に対して等式が正しい．次に m が負の整数のとき $m = -p$ $(p \in \mathbb{N})$ とおける．まず

$$\begin{aligned}
&(\cos\theta + (\sin\theta)\boldsymbol{i})\{\cos(-\theta) + (\sin(-\theta))\boldsymbol{i}\} \\
&= \cos\theta\cos(-\theta) - (\sin\theta)(\sin(-\theta)) \\
&\quad + \{(\cos\theta)(\sin(-\theta)) + (\sin\theta)(\cos(-\theta))\}\boldsymbol{i} \\
&= (\cos^2\theta + \sin^2\theta) + (-(\cos\theta)(\sin\theta) + (\sin\theta)(\cos\theta))\boldsymbol{i} \\
&= 1
\end{aligned}$$

に注意しよう．これより

$$(\cos\theta + (\sin\theta)\boldsymbol{i})^{-1} = \cos(-\theta) + (\sin(-\theta))\boldsymbol{i}$$

が従う．この式の両辺を p 乗して m が正の整数の場合の公式を適用して

$$\left\{(\cos\theta+(\sin\theta)\boldsymbol{i})^{-1}\right\}^p=\cos(p(-\theta))+(\sin(p(-\theta)))\boldsymbol{i}$$
$$=\cos(-p\theta)+(\sin(-p\theta))\boldsymbol{i}$$

となり m が負の整数の場合の結論を得る．■

計算例　ド・モアブルの公式を利用してみよう．

(1)
$$\begin{aligned}(1+\boldsymbol{i})^{14}&=\left\{\sqrt{2}\left(\cos\frac{\pi}{4}+\left(\sin\frac{\pi}{4}\right)\boldsymbol{i}\right)\right\}^{14}\\&=2^7\left(\cos\frac{14\pi}{4}+\left(\sin\frac{14\pi}{4}\right)\boldsymbol{i}\right)\\&=128\left(\cos\frac{7\pi}{2}+\left(\sin\frac{7\pi}{2}\right)\boldsymbol{i}\right)\\&=-128\boldsymbol{i}\end{aligned}$$

(2)
$$\begin{aligned}(-1+\sqrt{3}\,\boldsymbol{i})^{10}&=2^{10}\left(\cos\frac{2\pi}{3}+\left(\sin\frac{2\pi}{3}\right)\boldsymbol{i}\right)^{10}\\&=1024\left(\cos\frac{20\pi}{3}+\left(\sin\frac{20\pi}{3}\right)\boldsymbol{i}\right)\\&=1024\left(\cos\frac{2\pi}{3}+\left(\sin\frac{2\pi}{3}\right)\boldsymbol{i}\right)\\&=1024\left(\frac{-1}{2}+\frac{\sqrt{3}}{2}\boldsymbol{i}\right)\\&=-512+512\sqrt{3}\,\boldsymbol{i}\end{aligned}$$

問 **1.4**　$\theta_1,\theta_2\in\mathbb{R}$ として，次を示せ．

$$(\cos\theta_1+(\sin\theta_1)\boldsymbol{i})(\cos\theta_2+(\sin\theta_2)\boldsymbol{i})=\cos(\theta_1+\theta_2)+(\sin(\theta_1+\theta_2))\boldsymbol{i}$$

複素平面での演算のはたらき　2 つの複素数を

$$z_j=x_j+y_j\boldsymbol{i}\ (x_j=\mathrm{Re}(z_j),\ y_j=\mathrm{Im}(z_j)\ (j=1,2))$$

とする．このとき演算と幾何的な対応は次の通り．

◆**和，差**

$$z_1 + z_2 = (x_1 + x_2) + (y_1 + y_2)\boldsymbol{i}, \quad z_1 - z_2 = (x_1 - x_2) + (y_1 - y_2)\boldsymbol{i}$$

となり，この演算の効果は通常の 2 次元のベクトル空間の線形構造まで込めて同じである．これは複素平面において図示して理解できる（図 **1.3** 参照）．

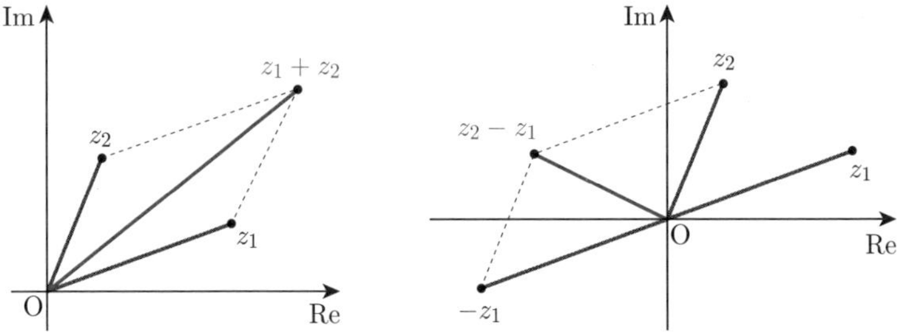

図 **1.3**　複素数の和と差

◆**積，商**　$z_j = r_j(\cos\theta_j + (\sin\theta_j)\boldsymbol{i})$ $(r_j \geqq 0,\ 0 \leqq \theta_j < 2\pi)$ と極表示しておく．

$$z_1 z_2 = r_1 r_2 \{\cos(\theta_1 + \theta_2) + (\sin(\theta_1 + \theta_2))\boldsymbol{i}\}$$

$$\frac{z_1}{z_2} = \left(\frac{r_1}{r_2}\right)\{\cos(\theta_1 - \theta_2) + (\sin(\theta_1 - \theta_2))\boldsymbol{i}\}$$

これによって複素数の積においては，それぞれの動径の積，偏角の和が呼応している（図 **1.4**）．

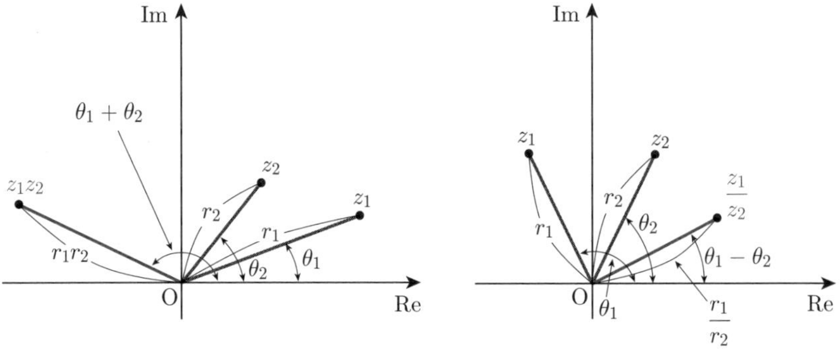

図 **1.4**　複素数の積と商

◆**複素共役**　$z = x + y\boldsymbol{i} \in \mathbb{C}$ $(x = \mathrm{Re}(z),\ y = \mathrm{Im}(z))$ に対し

$$\overline{z} = x + (-y)\boldsymbol{i}$$

複素共役の作用は実軸に関する対称移動となる（図 **1.5**）.

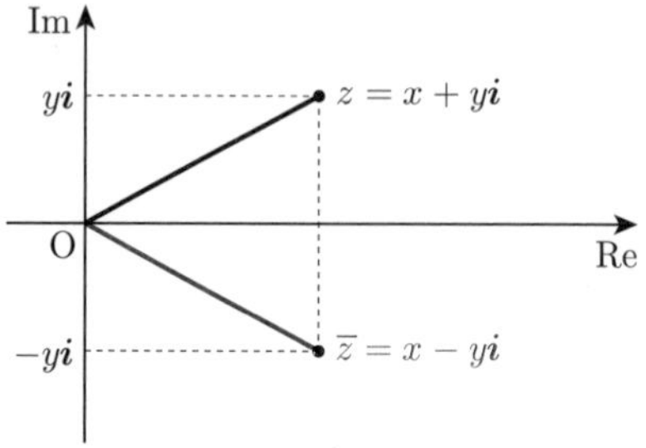

図 **1.5**　複素数とその共役

問 **1.5**　複素平面において $\mathrm{Re}(z^2) = 1$ で表される集合を図示せよ.

問 **1.6**　z が複素平面上で原点 O 中心で半径 2 の円周上を反時計回りに 1 周するとき，点 $w = z^3$ や $\zeta = 1/z^2$ は複素平面上でどのように挙動するかを考えよ.

問 **1.7**　$z \in \mathbb{C}$ が $|z| = 2$ を満たして変化するとき，$\zeta = 1/(z-1)$ はどのような図形上にあるかを考察せよ.

問 **1.8**　不等式 $\mathrm{Re}(z^{10}) > 0$ で表される集合は複素平面では実軸に関して対称であることを示せ.

1.3　指数関数 e^z $(z \in \mathbb{C})$ について

本節では複素数の世界 $\mathbb{C}$ においてよく活躍する関数 e^z を定める．

$$\mathbb{C} = \{x + y\boldsymbol{i} \mid x, y \in \mathbb{R}\}$$

の一般の要素 $z = x + y\boldsymbol{i}$ $(x, y \in \mathbb{R})$ に対して e^z を定めたい．当然のことながら $y = 0$ の場合は自然に実数の場合の e^x に一致していなければならない．e^z の定義を以下のように定める．

$$e^z = e^x \cos y + (e^x \sin y)\boldsymbol{i}$$

たしかに，$y = 0$ のとき $\cos 0 = 1, \sin 0 = 0$ となって $e^z = e^x$ となっている．また，このように複素数に拡張されても依然として指数関数として振る舞うこと（従来の指数法則を満たすこと）が確かめられる．

命題 1.7　$z_1, z_2, z \in \mathbb{C}, m \in \mathbb{Z}$ に対して

$$e^{z_1+z_2} = e^{z_1}e^{z_2}, \quad (e^z)^m = e^{mz}$$

が成立する．

証明　$z_1 = x_1 + y_1\boldsymbol{i}, z_2 = x_2 + y_2\boldsymbol{i} \in \mathbb{C}$ とおくと，

$$z_1 + z_2 = (x_1 + x_2) + (y_1 + y_2)\boldsymbol{i}$$

より左辺を変形すると（通常の三角関数の加法定理を使用），

$$\begin{aligned}
&e^{z_1+z_2} \\
&= e^{x_1+x_2}(\cos(y_1 + y_2) + \boldsymbol{i}\sin(y_1 + y_2)) \\
&= e^{x_1}e^{x_2}(\cos y_1 \cos y_2 - \sin y_1 \sin y_2 + \boldsymbol{i}(\sin y_1 \cos y_2 + \sin y_2 \cos y_1)) \\
&= e^{x_1}e^{x_2}(\cos y_1 + (\sin y_1)\boldsymbol{i})(\cos y_2 + (\sin y_2)\boldsymbol{i}) \\
&= e^{z_1}e^{z_2}
\end{aligned}$$

となる．2 番目の等式は 1 番目の等式を繰り返し適用して帰納的に示される．

■

また e^z は虚軸に平行な直線上では周期性をもち三角関数のように振る舞う．例えば

$$e^z = 1 \iff z = 2m\pi\boldsymbol{i}, \quad m \in \mathbb{Z}$$

が成立することも容易に確認できる．これによって

$$e^{z+2m\pi\boldsymbol{i}} = e^z \quad (z \in \mathbb{C},\ m \in \mathbb{Z})$$

が成立する．また $\theta \in \mathbb{R}$ が自由に動くとき $e^{\theta\boldsymbol{i}}$ は複素平面では原点中心の単位円周上を周回することがイメージできる．

問 **1.9**　$e^z = -1 - \sqrt{3}\,\boldsymbol{i}$ となる複素数 z を求めよ．

複素数の世界 $\mathbb{C}$ においては指数関数と三角関数は密接な関係があることが明らかになったが，$\cos\theta$, $\sin\theta$ を指数関数を用いて表すと便利なことがある．$e^{\theta\boldsymbol{i}} = \cos\theta + (\sin\theta)\boldsymbol{i}$ を用いて

$$\cos\theta = \frac{1}{2}(e^{\theta\boldsymbol{i}} + e^{-\theta\boldsymbol{i}})$$
$$\sin\theta = \frac{1}{2\boldsymbol{i}}(e^{\theta\boldsymbol{i}} - e^{-\theta\boldsymbol{i}})$$

を確認することができる．複素数 $z \in \mathbb{C}$ を $z = re^{\theta\boldsymbol{i}}$ のように極表示と見ることもできる．

問 **1.10**　次の値を求めよ．

(1)　$1 + e^{(\pi/6)\boldsymbol{i}} + e^{(2\pi/6)\boldsymbol{i}} + e^{(3\pi/6)\boldsymbol{i}} + \cdots + e^{(11\pi/6)\boldsymbol{i}}$　（有限級数）

(2)　$1 + \frac{1}{2}e^{(\pi/6)\boldsymbol{i}} + \frac{1}{2^2}e^{(2\pi/6)\boldsymbol{i}} + \frac{1}{2^3}e^{(3\pi/6)\boldsymbol{i}} + \cdots$　（無限級数）

ヒント：どちらも等比級数．

1.4 $\mathbb{C}$ の 位 相

$\mathbb{C}$ を複素平面に対応させて同一視することが数学的に非常に有用であることを述べた．次に複素数の集合上の関数の微分積分を論じるために位相を導入する．この同一視によって $\mathbb{C}$ は数学的には $\mathbb{R}^2$ と同等となり，また $\mathbb{R}^2$ の標準距離を移行させて $\mathbb{C}$ を真の意味で複素平面と呼ぶことができる．この考えに沿って $\mathbb{C}$ の位相について記述する．2 点 $w, z \in \mathbb{C}$ の間の距離を $|z-w|$ で定める．この距離によって収束の概念が定まる．集合の位相とは収束の仕組みのことである．

定義　複素数列 $\{z_m\}_{m=1}^{\infty}$ が複素数 z に**収束する**とは $\lim_{m\to\infty}|z_m - z| = 0$ が成り立つことと定める．

いくつかの用語を定める．

記号（近傍） $w \in \mathbb{C}, \epsilon > 0$ に対して

$$B(w, \epsilon) = \{z \in \mathbb{C} \mid |z-w| < \epsilon\}$$

を定める．これを点 w の ϵ **近傍**という．

位相を導入するとは数学的には開集合を定めることを意味し収束の意味づけと関連するが，本書では位相の概念は本格的には必要としないのであまり深入りはしない．ただ集合の境界や内部をイメージする必要があるので言葉をいくつか定義する（図 **1.6**）．

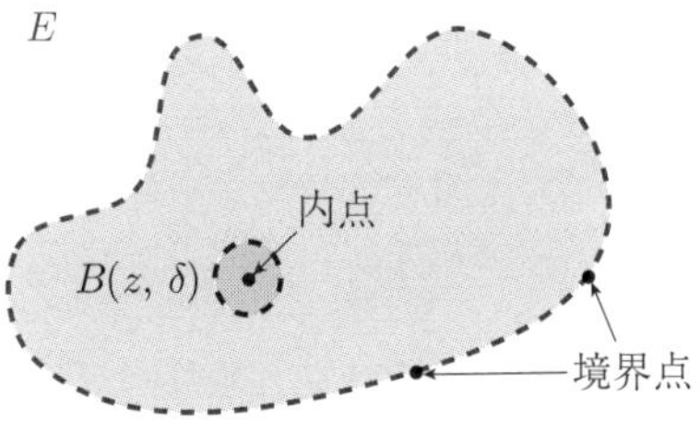

図 **1.6**　複素平面上での集合とその内部，境界のイメージ図

定義　集合 $E \subset \mathbb{C}$ を考える．点 $z \in \mathbb{C}$ が E の**内点**であるとは，ある $\delta > 0$ があって $B(z, \delta) \subset E$ となることである．E の内点の全体を E の**内部**といい E° と書く．定義から $E^\circ \subset E$ が成り立つ．点 $z \in \mathbb{C}$ が E の**境界点**であるとは，任意の $\epsilon > 0$ に対して $B(z, \epsilon) \cap E \neq \emptyset$ かつ $B(z, \epsilon) \not\subset E$ となることである．E の境界点の全体を E の**境界**といい ∂E と書く．また $\overline{E} = E \cup (\partial E)$ として E の**閉包**を定める．

E の境界点は E に属さないこともあることに留意しよう．

定義　集合 E が**開集合**であるとは $E = E^\circ$ であることとする．E が**閉集合**であるとはその補集合 $E^c = \mathbb{C} \setminus E$ が開集合であることと定める．

おおまかな言い方では，開集合はすべての境界点を自身に含まないような集合であり，閉集合はすべての境界点を自身に含むような集合といえる（図 **1.7**）．すなわち，次の言い換えができる．

$$E : \text{開集合} \iff E \cap \partial E = \emptyset, \qquad F : \text{閉集合} \iff \partial F \subset F$$

説明は省略する．各自証明を試みてみよ．

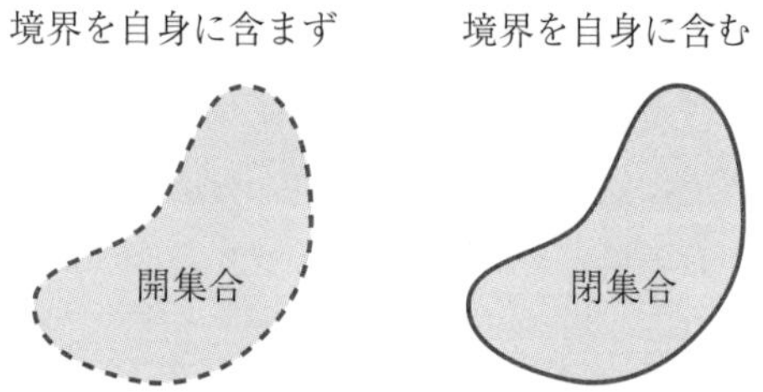

図 **1.7**　複素平面における開集合，閉集合のイメージ

命題 1.8　$E \subset \mathbb{C}$ として E が閉集合であることと次の条件は同値である．

$$(*) \qquad \{z_m\}_{m=1}^{\infty} \subset E, \ \lim_{m \to \infty} z_m = z \Longrightarrow z \in E$$

証明　微分積分学や位相の教科書でもよく書かれているが，論理の練習になるのでここでやってみよう．E が閉であると仮定して $(*)$ を背理法で示す．$(*)$ を否定すると $\{z_m\}_{m=1}^{\infty} \subset E$, $\lim_{m \to \infty} z_m = z$, $z \notin E$ となるものがある．E が閉集合より z は E^c の内部にある．ある $\delta > 0$ があって $B(z, \delta) \subset E^c$ となり

$B(z,\delta)\cap E=\emptyset$ となる．これは $z_m\in E$ $(m\geqq 1)$, $\lim_{m\to\infty} z_m=z$ に反する．

逆方向を示す．E が閉集合でないとする．すなわち E^c が開集合でないとする．よって $z\in E^c\setminus(E^c)^\circ$ がある．この z は E^c の内点でない．各自然数 m に対して $B(z,1/m)\not\subset E^c$ となり $B(z,1/m)\cap E\neq\emptyset$ である．それで $z_m\in B(z,1/m)\cap E$ をとれば $\{z_m\}_{m=1}^{\infty}\subset E$, $\lim_{m\to\infty} z_m=z$ となる．これは $(*)$ に矛盾する．■

例 いくつかの実例をあげる．

$$D=\{z\in\mathbb{C}\mid \mathrm{Re}(z)>0,\ \mathrm{Im}(z)>0\},$$
$$E=\{z\in\mathbb{C}\mid |z|\leqq 1\},$$
$$F=\{z\in\mathbb{C}\mid -1<\mathrm{Re}(z)\leqq 1\}$$

このとき D は開集合，E は閉集合，F は閉集合でも開集合でもない．これを説明する．

説明 $w\in D$ を任意にとる．$\alpha=\mathrm{Re}(w)>0$, $\beta=\mathrm{Im}(w)>0$ とおく．$\delta=(1/2)\min(\alpha,\beta)$ とおく．このとき $B(w,\delta)\subset D$ となる．よって D は開集合である．

$w\in E^c$ を任意にとる．このとき $|w|>1$ である．$\delta=(|w|-1)/2$ とおくと $B(w,\delta)\subset E^c$ となる．なぜなら任意の $z\in B(w,\delta)$ をとると $|z-w|<\delta$ であるが

$$|z|=|w-(w-z)|\geqq|w|-|w-z|>|w|-\delta=(|w|+1)/2>1$$

となり $B(w,\delta)\subset E^c$ が従う．よって E^c は開集合となり E は閉集合である．

$F\ni 1$ であるが，任意の $\epsilon>0$ に対して $B(1,\epsilon)\not\subset F$ であるから F は開集合でない．また $-1\in F^c$ であるが，任意の $\epsilon>0$ に対して $B(-1,\epsilon)\not\subset F^c$ である．よって F^c は開集合でない．よって F は閉集合でない．■

問 1.11 複素数列 $\{z_n\}_{n=1}^{\infty}$ に対して，もし $\lim_{n\to\infty}|e^{z_n}|=\infty$ ならば $\lim_{n\to\infty}\mathrm{Re}(z_n)=\infty$ となることを示せ．また $\lim_{n\to\infty}|z_n|=\infty$ であるが，$\lim_{n\to\infty}|e^{z_n}|=\infty$ とはならない $\{z_n\}_{n=1}^{\infty}$ の例をあげよ．

問 **1.12**　複素数列 $\{z_n\}_{n=1}^{\infty}$ が複素数 w に収束することと条件

$$\lim_{n\to\infty}\mathrm{Re}(z_n)=\mathrm{Re}(w),\quad \lim_{n\to\infty}\mathrm{Im}(z_n)=\mathrm{Im}(w)$$

は同値であることを示せ．

定義（コーシー列）数列 $\{z_n\}_{n=1}^{\infty}\subset\mathbb{C}$ が**コーシー列**であるとは次の条件が成立することである．
（条件）『任意の $\epsilon>0$ に対して，ある $N\in\mathbb{N}$ があって，$m,n\geqq N$ ならば $|z_m-z_n|<\epsilon$』

$\mathbb{C}$ の任意の収束列はコーシー列となる．逆が成立するのが**完備性**と呼ばれる重要な性質である．

定理 1.9（完備性）$\mathbb{C}$ の任意のコーシー列 $\{z_n\}_{n=1}^{\infty}$ は収束する．すなわち，ある $z\in\mathbb{C}$ が存在して $\lim_{n\to\infty}z_n=z$ となる．

連結性，領域

定義　$D\subset\mathbb{C}$ とする．

(i)　D が**連結でない**とは次の条件 $(*)$ を満たす開集合 U,V が存在することである．

$$(*)\qquad U\cap D\neq\emptyset,\quad V\cap D\neq\emptyset,\quad U\cup V\supset D,\quad U\cap V\cap D=\emptyset$$

(ii)　D が**連結である**とは $(*)$ を満たす開集合 U,V が存在しないということである．

(i) の条件 $(*)$ はいわば非連結条件で，集合 D が2つの交わらない開集合で分離できるというイメージである（つながっていない）．数学的に定式化する際にはこのような複雑な表現となる．

定理 1.10　$\mathbb{C}$ は連結である．

証明は省略する（神保・本多 [3]，松坂[16] など参照）．

用語　$\mathbb{C}$ の連結である開集合を**領域**という．$\mathbb{C}$ の領域においては，任意の異なる2点を領域内の曲線で結べることが知られている．この性質のことを**弧状連結**と呼ぶ．これについては第3章で正式に扱う．

1.5　方程式 $z^m = 1$ と 3 次方程式

未知数 $z \in \mathbb{C}$ に対する m 次方程式 $z^m = 1$ を考える．m は自然数である．$m = 2$ のケースは既知である．実際 $z^2 = 1$ の解は ± 1 である．一般の $m \in \mathbb{N}$ で考えてみよう．複素数 $z \in \mathbb{C}$ に対し極表示 $r = |z| \geqq 0$ を用いる．方程式の両辺の絶対値を考えて，$|z^m| = |z|^m = 1$ により $r = 1$ を得る．よって z は

$$z = \cos\theta + (\sin\theta)\boldsymbol{i} \quad (0 \leqq \theta < 2\pi)$$

の形に表される．これは指数関数を用いて

$$z = e^{\theta \boldsymbol{i}} \quad (0 \leqq \theta < 2\pi)$$

と書くと簡明である．方程式に代入して指数法則により

$$e^{m\theta \boldsymbol{i}} = 1$$

となり $m\theta = 2k\pi \quad (k \in \mathbb{Z})$ を得る．$0 \leqq \theta < 2\pi$ に範囲を限定して $k = 0, 1, 2, \ldots, m-1$ となり，$z = e^{(2k\pi/m)\boldsymbol{i}}$ が解となる．よって $\zeta = e^{(2\pi/m)\boldsymbol{i}}$ とおけばこれは解となり，$z^m = 1$ の解は $1, \zeta, \zeta^2, \ldots, \zeta^{m-1}$ となる（指数法則に着目）．ζ は**原始 $\boldsymbol{m}$ 乗根**と呼ばれる．$z^m = 1$ の解は複素平面では対称的な配置になっていることに注意しよう（図 **1.8** 参照）．

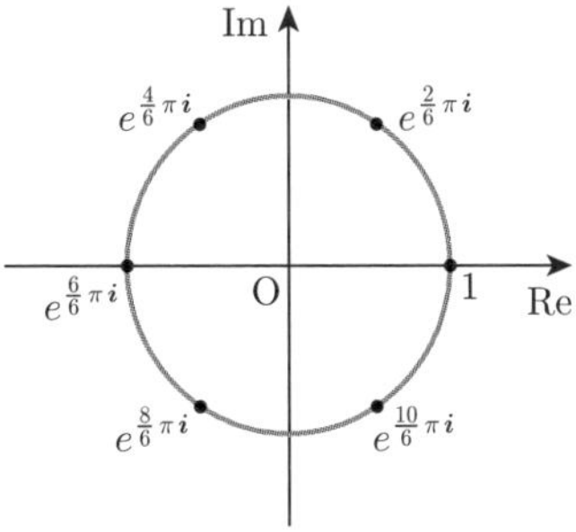

図 **1.8**　$z^6 = 1$ の解の配置は単位円 $|z| = 1$ 上の等分点となる

また $\alpha \in \mathbb{C}$ を定数として少し一般の方程式

$$z^m = \alpha$$

を考えることもできる．α を極表示して $\alpha = r_0 e^{\theta_0 \boldsymbol{i}}$ $(r_0 \geqq 0,\ 0 \leqq \theta_0 < 2\pi)$ と

表現する．よって $z_0 = r_0^{1/m} e^{(\theta_0/m)\boldsymbol{i}}$ として（1つの）解となる．これによって m 次方程式 $z^m = \alpha$ の m 個の解は原始 m 乗根 ζ を用いて

$$z_0,\ z_0\zeta,\ z_0\zeta^2,\ z_0\zeta^3,\ \ldots,\ z_0\zeta^{m-1}$$

と表される．この状況を**ベキ根**によって方程式が解かれたという．

3次方程式の解法（タルタリア・カルダノの方法） 実数の範囲においては2次方程式 $z^2+1=0$ は解をもたない．一方虚数単位 $\boldsymbol{i}$ を導入することで解 $\pm\boldsymbol{i}$ を得る．一般にすべての（複素数係数の）2次方程式が解ける．2次方程式

$$az^2+bz+c=0 \qquad (a,b,c\in\mathbb{C},\ a\neq 0)$$

が与えられたとき式変形をして

$$\left(z+\frac{b}{2a}\right)^2 = \frac{b^2-4ac}{4a^2}$$

を得る．変数変換 $w = z+(b/(2a))$ によって方程式 $w^2 = (b^2-4ac)/(4a^2)$ が得られて，平方根（ベキ根）によって解 w が得られ z を求めることができる．

複素数導入の効果は2次方程式の解の存在に止まらず，一般のすべての高次の方程式の解の存在を保証してくれる（第4章：代数学の基本定理）ことにある．ここでは3次方程式の解を式変形だけを用いて解くアプローチを紹介する．一般的な3次方程式は A,B,C を複素定数として

$$z^3+Az^2+Bz+C=0$$

と表せる．まず変数変換によって2次の項がないケースに帰着する．それには $z+(A/3)=w$ として w の式にすれば良い．それによって

$$w^3+\alpha w+\beta=0$$

に帰着される．さてよく知られた次の3次多項式の公式を用いる．

$$u^3+v^3+w^3-3uvw=(u+v+w)(u^2+v^2+w^2-uv-vw-wu)$$

ここで

$$\begin{aligned}
&u^2+v^2+w^2-uv-vw-wu\\
&=w^2-(v+u)w+v^2-vu+u^2\\
&=\left(w-\frac{v+u}{2}\right)^2+\frac{3}{4}(v-u)^2
\end{aligned}$$

$$= \left(w - \frac{v+u}{2} + \frac{\sqrt{3}}{2}(v-u)\boldsymbol{i}\right)\left(w - \frac{v+u}{2} - \frac{\sqrt{3}}{2}(v-u)\boldsymbol{i}\right)$$
$$= \left(w + \zeta v + \zeta^2 u\right)\left(w + \zeta^2 v + \zeta u\right)$$

ここで，原始3乗根 $\zeta = (-1/2) + (\sqrt{3}/2)\boldsymbol{i}$ および2乗 $\zeta^2 = (-1/2) - (\sqrt{3}/2)\boldsymbol{i}$ を用いた．元の 3 次式の因数分解は

$$w^3 - 3uvw + u^3 + v^3 = (w+v+u)(w+\zeta v+\zeta^2 u)(w+\zeta^2 v+\zeta u)$$

となる．さてこれを 3 次方程式に当てはめ，もし $-3uv = \alpha$, $u^3 + v^3 = \beta$ となる u, v を見つけられたら 3 つの複素数

$$-u - v, \quad -\zeta u - \zeta^2 v, \quad -\zeta^2 u - \zeta v$$

が 3 次方程式の解となる．u, v を求める式は $u^3 v^3 = -\alpha^3/27$, $u^3 + v^3 = \beta$ と変形できるが，解と係数の関係により u^3, v^3 は 2 次方程式

$$\lambda^2 - \beta\lambda - \left(\frac{\alpha^3}{27}\right) = 0$$

の解でありすでに解けることがわかっている．これにより u, v から遡って 3 次方程式の解 w を求めることができる（複素数の導入や 3 次，4 次方程式の解法に関する話題については高木 [18] を参照）．

演習問題

1.1　次を計算せよ．

(1)　$(-1+4\boldsymbol{i})(2-3\boldsymbol{i})^2$　　(2)　$(2+\boldsymbol{i})^3$　　(3)　$(1+2\boldsymbol{i})(1-2\boldsymbol{i})^2$

1.2　次を計算せよ．

(1)　$(1+\boldsymbol{i})^{15}$　　(2)　$(-1+\sqrt{3}\,\boldsymbol{i})^{10}$

1.3　$z\in\mathbb{C}$, $|z|=2$ のとき $g(z)=2+\left(\frac{1}{\sqrt{2}}+\frac{1}{\sqrt{2}}\boldsymbol{i}\right)z$ および $h(z)=z+(1/z)$ のとり得る値の全体をそれぞれ複素平面で図示せよ．

1.4　$e^{\pi\boldsymbol{i}/12}=e^{\pi\boldsymbol{i}/3}/e^{\pi\boldsymbol{i}/4}$ を用いて $\cos(\pi/12)$, $\sin(\pi/12)$ を求めよ．

1.5　$m\in\mathbb{N}$, $\theta\in\mathbb{R}$ とする．ただし $\theta\neq 2\ell\pi$ $(\ell\in\mathbb{Z})$ とする．

$$1+e^{\theta\boldsymbol{i}}+e^{2\theta\boldsymbol{i}}+\cdots+e^{(m-1)\theta\boldsymbol{i}}$$

を計算して，次を示せ．

$$1+\cos\theta+\cos(2\theta)+\cdots+\cos((m-1)\theta)=\frac{\sin(m\theta/2)\cos((m-1)\theta/2)}{\sin(\theta/2)}$$

$$\sin\theta+\sin(2\theta)+\cdots+\sin((m-1)\theta)=\frac{\sin((m-1)\theta/2)\sin(m\theta/2)}{\sin(\theta/2)}$$

1.6　$n\in\mathbb{N}$ とする．指数法則 $e^{n\theta\boldsymbol{i}}=(e^{\theta\boldsymbol{i}})^n$ を用いて $\cos(5\theta)$, $\sin(5\theta)$ を $\cos\theta$, $\sin\theta$ の多項式として表せ．

1.7　複素数列 $\{z_n\}_{n=1}^{\infty}$ に対して $\lim_{n\to\infty}|\sin(z_n)|=\infty$ ならば $\lim_{n\to\infty}|\mathrm{Im}(z_n)|=\infty$ となることを示せ．

1.8　複素平面において $\mathrm{Im}(z)=1$ で表される集合を E とする．このとき写像 $g(z)=z^2$ に対し像 $g(E)$ を求めよ．

1.9　2つの複素数 a,b が $|a|^2=|b|^2=2\,\mathrm{Re}(a\bar{b})$ を満たすならば複素平面において原点と a,b がなす三角形は正三角形となることを示せ．

1.10　複素平面上の集合 $E=\{z\in\mathbb{C}\mid |z|=1\}$ を定めるとき，写像 $g(z)=(cz+d)/(az+b)$ による像 $g(E)$ を求めよ．ただし $a,b,c,d\in\mathbb{R}$, $|a|>|b|$, $ad-bc\neq 0$ とする．

1.11　α,β を複素数として写像 $f\colon\mathbb{C}\longrightarrow\mathbb{C}$ を $f(z)=\alpha z+\beta$ によって与える．ただし $\alpha\neq 0$ とする．このとき異なる任意の3点 $\mathrm{P},\mathrm{Q},\mathrm{R}$ に対して $\mathrm{P}'=f(\mathrm{P})$, $\mathrm{Q}'=f(\mathrm{Q})$, $\mathrm{R}'=f(\mathrm{R})$ とおくと，$\overrightarrow{\mathrm{P}'\mathrm{Q}'}$, $\overrightarrow{\mathrm{P}'\mathrm{R}'}$ のなす角は $\overrightarrow{\mathrm{PQ}}$, $\overrightarrow{\mathrm{PR}}$ のなす角に一致することを示せ．

1.12　$\epsilon>0$ とする．複素平面上の集合 $L=\{z\in\mathbb{C}\mid |z|=1+\epsilon\}$ とし，原点を除いた領域で定まる関数 $g(z)=z+(1/z)$ に対して $g(L)$ を求めよ．

1.13 異なる3つの複素数 z_1, z_2, z_3 が複素平面において正三角形の頂点になっていることと条件

$$z_1^2 + z_2^2 + z_3^2 = z_1 z_2 + z_2 z_3 + z_3 z_1$$

は同値であることを示せ.

ヒント：複素平面において $z_3 - z_1$ が $z_2 - z_1$ を時計回りまたは反時計回りに60度回転したものになることが条件となることを利用.

1.14 $m \in \mathbb{N}$ とする. $(\cos\theta)^m$ を $\cos(k\theta)$ $(0 \leqq k \leqq m)$ を用いて表せ.

1.15 $p \in \mathbb{N}$ とするとき方程式 $z^p + z^{p-1} + \cdots + z^2 + z + 1 = 0$ の複素数解をすべて求めよ.

1.16 $w \in \mathbb{C}$ が $|w| < 1$ を満たすとする. 集合 $D = \{z \in \mathbb{C} \mid |z| < 1\}$ に対し, 関数 $f(z) = (z - w)/(1 - \overline{w}z)$ は

$$z \in D \Longrightarrow f(z) \in D, \quad z \in \partial D \Longrightarrow f(z) \in \partial D$$

を満たすことを示せ.

1.17 $D = \{z \in \mathbb{C} \mid 0 \leqq \mathrm{Im}(z) < \pi/2\}$ として $f(z) = e^z$ による像 $f(D) = \{f(z) \mid z \in D\}$ を求めよ. また集合 $f(D)$ を複素平面に図示せよ.

1.18 $p \in \mathbb{Z}, m \in \mathbb{N}$ として, 次の積分計算をせよ.

(1) $\displaystyle\int_0^{2\pi} e^{p\theta \boldsymbol{i}}\, d\theta$ (2) $\displaystyle\int_0^{2\pi} (\cos\theta)^m\, d\theta$ (3) $\displaystyle\int_0^{2\pi} (\sin\theta)^m\, d\theta$

ヒント：$\cos\theta = (e^{\theta\boldsymbol{i}} + e^{-\theta\boldsymbol{i}})/2$, $\sin\theta = (e^{\theta\boldsymbol{i}} - e^{-\theta\boldsymbol{i}})/(2\boldsymbol{i})$.

第 2 章
複素関数の微分積分 I

本章では $\mathbb{C}$ の集合で定義される関数の代表的な例から始めて，複素関数の連続性や複素変数のベキ級数の収束など解析的な性質の一般論を解説する．また $\mathbb{C}$ での指数関数や三角関数のベキ級数展開を扱う．

2.1 初等関数

本節では $\mathbb{R}$ 上の関数としてなじみのある多項式関数や指数関数，三角関数の定義域を $\mathbb{C}$ まで拡大することを考える．$\mathbb{C}$ で考えることによって指数関数と三角関数が密接な関係をもつことを知ることができる．

多項式関数　多項式は複素数の四則演算によって自然に $\mathbb{C}$ 上の関数となる．n を自然数として n 次の**多項式関数**とは

$$f(z) = a_0 z^n + a_1 z^{n-1} + a_2 z^{n-2} + \cdots + a_{n-1} z + a_n$$

である．ここで，係数 $a_0, a_1, \ldots, a_n$ は複素定数で $a_0 \neq 0$ である．多項式は次章に述べる正則関数の代表例である．また正則関数を局所的に近似する点で重要な役割を担う．

有理関数　次のような，多項式関数の分数の形のものを**有理関数**という．

$$g(z) = \frac{a_0 z^n + a_1 z^{n-1} + a_2 z^{n-2} + \cdots + a_{n-1} z + a_n}{b_0 z^m + b_1 z^{m-1} + b_2 z^{m-2} + \cdots + b_{m-1} z + b_m}$$

ここで，係数 $a_0, a_1, \ldots, a_n$, $b_0, b_1, \ldots, b_m$ は複素定数である．$b_0 \neq 0$ とする．ただし分母がゼロになるような点をすべて除いた集合を関数 g の定義域と

する．分母がゼロになる点は**特異点**と呼ばれ g の大域的な特徴を表す重要な要素である．この特異点も含めて $\mathbb{C}$ 全体で考えることが数学理論の広がりを生む．

指数関数　e^z は前の章ですでに扱った．一般の指数関数 a^x の定義域を $\mathbb{C}$ まで拡大する．$a>0$ を仮定する．$a=e^{\log a}$ であるから $z\in\mathbb{C}$ に対して

$$a^z = e^{(\log a)z}$$

と定める．これによって a^z の定義域は $\mathbb{C}$ となる．

三角関数　複素領域に拡張された指数関数 e^z を用いて sin や cos も同様に拡張できる．

$$\cos z = \frac{e^{z\boldsymbol{i}}+e^{-z\boldsymbol{i}}}{2},\quad \sin z = \frac{e^{z\boldsymbol{i}}-e^{-z\boldsymbol{i}}}{2\boldsymbol{i}}$$
$$\tan z = \frac{\sin z}{\cos z},\quad \cot z = \frac{1}{\tan z}$$

として三角関数も複素変数まで拡張できる．これらも実数の場合の自然な拡張になっていることを確かめられたい．また，三角関数の加法定理なども複素数の範囲で成立する．

命題 2.1（**加法定理**）$z_1, z_2\in\mathbb{C}$ として次が成立する．

$$\cos(z_1+z_2) = \cos z_1\cos z_2 - \sin z_1\sin z_2$$
$$\sin(z_1+z_2) = \sin z_1\cos z_2 + \sin z_2\cos z_1$$

また $z_j, z_1+z_2\notin(\pi/2)+\pi\mathbb{Z}\ (j=1,2)$ なら次が成り立つ．

$$\tan(z_1+z_2) = \frac{\tan z_1+\tan z_2}{1-\tan z_1\tan z_2}$$

証明　右辺を直接計算する．$z_1, z_2\in\mathbb{C}$ とする．

$$\begin{aligned}
&\cos z_1\cos z_2 - \sin z_1\sin z_2\\
&= \frac{1}{2}(e^{z_1\boldsymbol{i}}+e^{-z_1\boldsymbol{i}})\frac{1}{2}(e^{z_2\boldsymbol{i}}+e^{-z_2\boldsymbol{i}}) - \frac{1}{2\boldsymbol{i}}(e^{z_1\boldsymbol{i}}-e^{-z_1\boldsymbol{i}})\frac{1}{2\boldsymbol{i}}(e^{z_2\boldsymbol{i}}-e^{-z_2\boldsymbol{i}})\\
&= \frac{1}{2}e^{(z_1+z_2)\boldsymbol{i}} + \frac{1}{2}e^{-(z_1+z_2)\boldsymbol{i}} = \cos(z_1+z_2)
\end{aligned}$$

他の等式も同様に定義通り計算すれば良い．■

問 **2.1**　$a > 0$ として指数法則 $a^{z_1+z_2} = a^{z_1}a^{z_2}$ $(z_1, z_2 \in \mathbb{C})$ を示せ.

問 **2.2**　$\alpha \in \mathbb{C}, \alpha \neq 0$ ならば方程式 $e^z = \alpha$ は無数の解をもつことを示せ.

問 **2.3**　$z \in \mathbb{C}, k \in \mathbb{Z}$ に対して次を示せ.

$$\cos\Big(z + \frac{\pi}{2}\Big) = -\sin z, \quad \sin\Big(z + \frac{\pi}{2}\Big) = \cos z, \quad \cos(z + \pi) = -\cos z$$
$$\sin(z + \pi) = -\sin z, \quad \cos(z + 2k\pi) = \cos z, \quad \sin(z + 2k\pi) = \sin z$$

ベキ関数　$p > 0$ とする．$z \in \mathbb{C}$ に対して $z = re^{\theta \boldsymbol{i}}$ $(r \geqq 0,\ -\pi < \theta \leqq \pi)$ と表現しておく．z に対して

$$z^p = r^p e^{p\theta \boldsymbol{i}}$$

と定める．また，この z がゼロでなければ $p \leqq 0$ でも z^p を定めることができる．ここで p が整数でないときは注意しなければならない．なぜなら $\theta \uparrow \pi$ のときと $\theta \downarrow -\pi$ のときで，z は $\mathbb{C}$ の中では同一の値 $-r$ に近づくが，z^p は異なる値 $r^p e^{p\pi \boldsymbol{i}}$, $r^p e^{-p\pi \boldsymbol{i}}$ に近づくからである.

対数関数　$z \in \mathbb{C}, z \neq 0$ に対して $z = re^{\theta \boldsymbol{i}}$ $(r > 0,\ -\pi < \theta \leqq \pi)$ としたとき

$$\log z = \log r + \theta \boldsymbol{i}$$

と定める．r, θ は $x = \mathrm{Re}(z) = r\cos\theta$, $y = \mathrm{Im}(z) = r\sin\theta$ から定まる．また $r = \sqrt{x^2 + y^2}$, $\theta = \arctan(y/x)$ で定められる（ただし $x > 0$ の場合のみ）．ここで注意点としてはベキ関数と同様に $\theta \uparrow \pi, \theta \downarrow -\pi$ のときに z は（$\mathbb{C}$ の中では）同一の値 $-r$ に近づくが，$\log z$ は別の値に近づくことである.

問 **2.4**　$\log(z_1 z_2) = \log z_1 + \log z_2$ $(z_1, z_2 \in \mathbb{C})$ を示せ．ただし $j = 1, 2$ に対して $-\pi < \arg(z_j) \leqq \pi$, $-\pi < \arg(z_1) + \arg(z_2) \leqq \pi$ とする.

問 **2.5**　$z \in \mathbb{C}$ に対して $e^z \neq 0$ を示せ.

双曲線関数　指数関数から作られる以下の関数もよく利用される.

$$\cosh z = \frac{e^z + e^{-z}}{2}, \quad \sinh z = \frac{e^z - e^{-z}}{2}, \quad \tanh z = \frac{e^z - e^{-z}}{e^z + e^{-z}}$$

2.2 連続関数

複素平面 $\mathbb{C}$ 上の集合 D をとって関数 $f\colon D \longrightarrow \mathbb{C}$ を考える．以下，この関数 f についていくつかの性質を付与していく．f の連続性の定義や連続関数の基本的性質を準備する．

定義 関数 f が $z_0 \in D$ で**連続**であるとは

$$\lim_{z \to z_0} f(z) = f(z_0)$$

となることである．また f が D 上**連続**であるとは，すべての点 $z_0 \in D$ で連続であることと定める．このとき f は D 上で**連続関数**であるともいう．

命題 2.2 2つの関数 $f, g\colon D \longrightarrow \mathbb{C}$ が連続関数であるとき，次が成立する．

(1) 任意の定数 $\alpha, \beta \in \mathbb{C}$ に対して $\alpha f(z) + \beta g(z)$, $f(z)g(z)$ は D で連続関数となる．

(2) $f(z)/g(z)$ は $D' := \{z \in D \mid g(z) \neq 0\}$ において連続である．

証明 (1) 任意の $z_0 \in D$ に対し $z \to z_0$ のとき $f(z) \to f(z_0)$, $g(z) \to g(z_0)$ より

$$\begin{aligned}
&|(\alpha f(z) + \beta g(z)) - (\alpha f(z_0) + \beta g(z_0))| \\
&\leqq |\alpha|\,|f(z) - f(z_0)| + |\beta|\,|g(z) - g(z_0)| \to 0
\end{aligned}$$

となる．$f(z)g(z)$ については，g の連続性により z が z_0 に近づくとき $|g(z)| \leqq |g(z_0)| + 1$ となっていることに注意して連続性を確認できる．

$$\begin{aligned}
|f(z)g(z) - f(z_0)g(z_0)| &\leqq |g(z)|\,|f(z) - f(z_0)| + |f(z_0)|\,|g(z) - g(z_0)| \\
&\leqq (|g(z_0)| + 1)|f(z) - f(z_0)| + |f(z_0)||g(z) - g(z_0)| \\
&\to 0 \quad (z \to z_0)
\end{aligned}$$

(2) $g(z_0) \neq 0$ であるとき $z \to z_0$ の過程で $|g(z)| \geqq |g(z_0)|/2$ となり

$$\begin{aligned}
&\left|\frac{f(z)}{g(z)} - \frac{f(z_0)}{g(z_0)}\right| = \left|\frac{f(z)g(z_0) - f(z_0)g(z)}{g(z)g(z_0)}\right| \\
&\leqq \frac{|g(z_0)|\,|f(z) - f(z_0)|}{|g(z)g(z_0)|} + \frac{|f(z_0)|\,|g(z) - g(z_0)|}{|g(z)g(z_0)|} \\
&\leqq \frac{|g(z_0)|\,|f(z) - f(z_0)|}{|g(z_0)|^2/2} + \frac{|f(z_0)|\,|g(z) - g(z_0)|}{|g(z_0)|^2/2} \to 0 \quad (z \to z_0) \quad \blacksquare
\end{aligned}$$

系 2.3 関数 $f\colon D \longrightarrow \mathbb{C}$ が連続関数であるとき，$m \in \mathbb{N}$ ならば $f(z)^m$ は連続であり，$1/f(z)^m$ は $D' = \{w \in D \mid f(w) \neq 0\}$ で連続である．

証明 前命題を帰納的に適用すれば良い．■

命題 2.4 $D \subset \mathbb{C}$, $E \subset \mathbb{C}$ とし，それぞれの集合上に連続関数 $f\colon D \longrightarrow \mathbb{C}$, $h\colon E \longrightarrow \mathbb{C}$ があると仮定する．また $f(D) \subset E$ と仮定する．このとき，合成関数 $(h \circ f)(z) = h(f(z))$ は D 上の連続関数となる．

初等関数はそれぞれの定義域において連続である．いくつかを命題の形で述べておく．

命題 2.5 多項式関数 $f(z) = z^n$，指数関数 $g(z) = e^z$ は $\mathbb{C}$ で連続である．

証明 $z = z_0 + \zeta$（$|\zeta|$：微小）として式変形を行う．

$$f(z) - f(z_0) = z^n - z_0^n = (z_0 + \zeta)^n - z_0^n = \sum_{k=0}^{n} {}_n\mathrm{C}_k\, z_0^{n-k}\zeta^k - z_0^n$$

$$= \sum_{k=1}^{n} {}_n\mathrm{C}_k\, z_0^{n-k}\zeta^k \to 0 \quad (\zeta \to 0)$$

$z_0 = x_0 + y_0\boldsymbol{i}$, $z = x + y\boldsymbol{i} \in \mathbb{C}$ ととる．ただし $x, x_0, y, y_0 \in \mathbb{R}$ である．

$$\begin{aligned} g(z) - g(z_0) &= e^z - e^{z_0} = e^{z_0}(e^{z-z_0} - 1) \\ &= e^{z_0}\left\{e^{x-x_0}(\cos(y-y_0) + \sin(y-y_0)\boldsymbol{i}) - 1\right\} \end{aligned}$$

これにより

$$|e^z - e^{z_0}|^2 = |e^{z_0}|^2\left((e^{x-x_0}\cos(y-y_0) - 1)^2 + e^{2(x-x_0)}\sin^2(y-y_0)\right)$$

$(x, y) \to (x_0, y_0)$ として実数変数の関数としての指数関数，三角関数の連続性により，上式の右辺はゼロに収束する．■

同様の考察で多項式関数 $\sum_{k=0}^{n} a_k z^k$ や $e^{\alpha z}$ は $\mathbb{C}$ 全体で連続である．

問 **2.6** $n \in \mathbb{N}$ として $f(z) = 1/z^n$ は $z \neq 0$ の範囲で連続であることを示せ．

問 **2.7** $\sin z$, $\cos z$ はそれぞれ $\mathbb{C}$ で連続であることを説明せよ．

2.3 ベキ級数，収束半径

複素数の列 $a_j \in \mathbb{C}$ $(j \in \mathbb{Z}_+)$ を与えて数式

$$a_0 + a_1 z + a_2 z^2 + \cdots + a_n z^n + \cdots$$

を考える．これを**ベキ級数**という[†]．これを $\sum_{n=0}^{\infty} a_n z^n$ と表す．これは無限級数であり収束しない可能性もあるため関数として意味はないかもしれないが，数式あるいは記号として捉えることができる．ただし級数が収束して有限確定値をもつような z の範囲においてはそこで関数として機能することは意識しておこう．それでは複素変数 z をもつ級数の収束の定義から始める．この級数が $z \in \mathbb{C}$ において**収束する**とは第 n 部分和

$$S_n(z) = a_0 + a_1 z + a_2 z^2 + \cdots + a_n z^n$$

が $n \to \infty$ のときある有限確定値 $S(z)$ に収束することであり，この極限値を**級数の和**といい

$$a_0 + a_1 z + a_2 z^2 + \cdots + a_n z^n + \cdots = S(z)$$

と書く．

$$\sum_{n=0}^{\infty} a_n z^n = S(z)$$

と書いても良い．$S(z)$ が定まるような（ベキ級数が収束するような）z の全体を**収束域**という[‡]．以下でベキ級数の収束域のおよその形状を特徴付ける．

命題 2.6 複素数 z_0 において級数 $\sum_{n=0}^{\infty} a_n z^n$ が収束すると仮定する．このとき $|z| < |z_0|$ となるようなすべての $z \in \mathbb{C}$ でこの級数は収束する（図 **2.1**）．

証明 仮定より $\lim_{n\to\infty} a_n z_0^n = 0$ となる．このとき，ある定数 $M > 0$ が存在して $|a_n z_0^n| \leqq M$ $(n \geqq 0)$ となる．$1 \leqq p < n$ として

$$|S_p(z) - S_n(z)| = |a_{p+1} z^{p+1} + a_{p+2} z^{p+2} + \cdots + a_n z^n|$$
$$\leqq |a_{p+1}|\,|z|^{p+1} + |a_{p+2}|\,|z|^{p+2} + \cdots + |a_n|\,|z|^n$$

---

† 形式的ベキ級数ともいう．

‡ この節の議論は実数変数のベキ級数の議論のそのままの一般化である．

$$
\begin{aligned}
&= |a_{p+1}|\,|z_0|^{p+1}\left(\frac{|z|}{|z_0|}\right)^{p+1} + |a_{p+2}|\,|z_0|^{p+2}\left(\frac{|z|}{|z_0|}\right)^{p+2} + \cdots \\
&\qquad + |a_n|\,|z_0|^{n}\left(\frac{|z|}{|z_0|}\right)^{n} \\
&= |a_{p+1}z_0^{p+1}|\left(\frac{|z|}{|z_0|}\right)^{p+1} + |a_{p+2}z_0^{p+2}|\left(\frac{|z|}{|z_0|}\right)^{p+2} + \cdots + |a_n z_0^{n}|\left(\frac{|z|}{|z_0|}\right)^{n} \\
&\leqq M\left(\frac{|z|}{|z_0|}\right)^{p+1} + M\left(\frac{|z|}{|z_0|}\right)^{p+2} + \cdots + M\left(\frac{|z|}{|z_0|}\right)^{n} \\
&\leqq M\left(\frac{|z|}{|z_0|}\right)^{p+1}\frac{1}{1-(|z|/|z_0|)} \to 0 \quad (p \to \infty)
\end{aligned}
$$

となり $S_n(z)$ $(n \geqq 0)$ が複素数列としてコーシー列となる．$\mathbb{C}$ の完備性により $\lim_{n\to\infty} S_n(z)$ が存在する．■

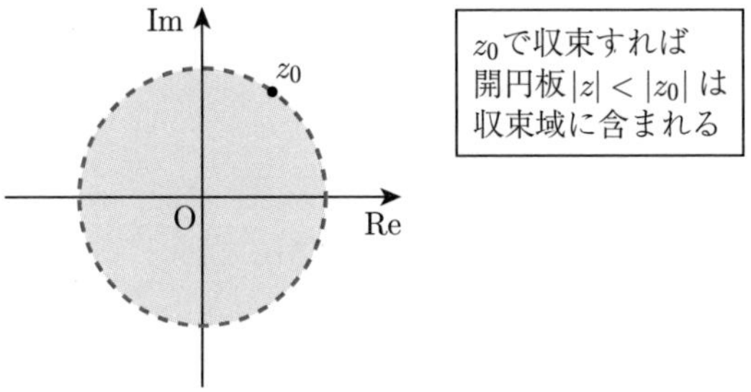

図 **2.1**　ベキ級数の収束域の考察

これにより $S_n(z)$ が収束するような z のおよその分布（収束域の概形）がわかる．すなわち，ゼロ以上の r（∞ もあり得る）がただ1つあり

『$|z|<r$ ならば $\lim_{n\to\infty} S_n(z)$ が存在する』かつ『$|z|>r$ ならば $\lim_{n\to\infty} S_n(z)$ は存在しない』

となる．このような r をこの級数の**収束半径**という†．

† ベキ級数が収束するような z_0 をいろいろ考え，$|z_0|$ のとり得る値の上限という言い方もする．

命題 2.7　ベキ級数 $\sum_{n=0}^{\infty} a_n z^n$ の収束半径 r は次のように特徴付けられる．

$$\frac{1}{r} = \limsup_{n\to\infty} |a_n|^{1/n}$$

上式を**コーシー・アダマールの公式**という．r のとり得る範囲は $0 \leqq r \leqq \infty$ である．右辺がゼロの場合はすべての $\zeta \in \mathbb{C}$ においてベキ級数は収束することになり，収束半径は $r = \infty$ と解釈する．右辺が ∞ の場合，収束半径はゼロで，0 が唯一の収束する点である．

命題 2.7 の証明　$1/s = \limsup_{n\to\infty} |a_n|^{1/n}$ として s を定め，$0 < s < \infty$ の場合を示す．いま，任意の $\rho \in (0, s)$ をとる．$z \in \mathbb{C}, |z| \leqq \rho$ をとって議論する．$\limsup$ の定義より，任意の $\epsilon > 0$ に対して，ある番号 $N(\epsilon)$ が存在して

$$|a_n|^{1/n} < \frac{1}{s} + \epsilon \quad (n \geqq N(\epsilon))$$

となる．これより

$$|a_n z^n| = (|a_n|^{1/n}|z|)^n < \left(\left(\frac{1}{s} + \epsilon\right)\rho\right)^n = \left(\frac{\rho}{s} + \epsilon\rho\right)^n \quad (n \geqq N(\epsilon))$$

ここで $0 < \rho/s < 1$ であるから $\epsilon = ((1/\rho) - (1/s))/2 > 0$ とおけば $0 < (\rho/s) + \epsilon\rho < 1$ となる．ワイエルシュトラスの M テストによりベキ級数 $\sum_{n=0}^{\infty} a_n z^n$ は $|z| \leqq \rho$ で一様収束する．

逆に $|z| > s$ と仮定する．この仮定と $\limsup$ の定義より

$$1 < |z| \limsup_{n\to\infty} |a_n|^{1/n} = \lim_{n\to\infty} \left(\sup_{k \geqq n} |a_n z^n|^{1/n} \right)$$

となる．よってある番号 N および数 $\delta > 0$ があり

$$\text{任意の } m \geqq N \text{ に対して } \sup_{k \geqq m} |a_k z^k|^{1/k} \geqq 1 + \delta$$

となる．これによって自然数の増大列 $k(1) < k(2) < \cdots < k(p) < \cdots$ が存在して

$$|a_{k(p)} z^{k(p)}|^{1/k(p)} \geqq 1 + \delta \quad (p \geqq 1)$$

となり級数は収束しない．ρ の任意性により $|z| < s$ ならベキ級数は収束する．この議論より $s = r$ となる．$r = 0, r = \infty$ の場合は省略する．上の議論を参考にして各自試みよ．■

例 $\sum_{n=0}^{\infty} z^n = 1 + z + z^2 + \cdots + z^n + \cdots$ の収束半径を考える．部分和

$$S_n(z) = 1 + z + \cdots + z^n = \begin{cases} \dfrac{1 - z^{n+1}}{1 - z} & (z \neq 1) \\ n & (z = 1) \end{cases}$$

に対し $|z| < 1$ のとき $S_n(z)$ は収束して極限は $S(z) = 1/(1-z)$，$|z| > 1$ のときは $\lim_{n \to \infty} |S_n(z)| = \infty$ なので級数は収束しない．$|z| = 1$ のときは n によらず $|z^n| = 1$ なので級数は収束しない．以上から収束域は $\{z \in \mathbb{C} \mid |z| < 1\}$ であり，収束半径は 1 となる．

例 $(1/1^2) + (z/2^2) + (z^2/3^2) + \cdots + (z^n/(n+1)^2) + \cdots$ の収束半径を考える．$|z| \leqq 1$ のときは

$$\left|\frac{1}{1^2}\right| + \left|\frac{z}{2^2}\right| + \left|\frac{z^2}{3^2}\right| + \cdots + \left|\frac{z^n}{(n+1)^2}\right| + \cdots \leqq \sum_{k=1}^{\infty} \frac{1}{k^2} < \infty$$

より級数は絶対収束する．また $|z| > 1$ のときは

$$\left|\frac{z^n}{(n+1)^2}\right| = \frac{|z|^n}{(n+1)^2} \to \infty \quad (n \to \infty)$$

より級数は収束しない．よって収束域は $\{z \in \mathbb{C} \mid |z| \leqq 1\}$ であり，収束半径は 1 である．

例 $\sum_{n=0}^{\infty} \frac{z^n}{n!} = 1 + z + \frac{z^2}{2!} + \cdots + \frac{z^n}{n!} + \cdots$ の収束半径を考える．

収束半径が ∞ であることを示す．ρ を任意の正の数として $|z| \leqq \rho$ の範囲で一様収束することを示す．$f_n(z) = z^n/n!$ とおくと

$$|f_n(z)| \leqq \frac{\rho^n}{n!} \quad (z \in \mathbb{C},\ |z| \leqq \rho)$$

となる．また $\sum_{n=0}^{\infty} \rho^n/n! = e^{\rho} < \infty$ となることは既知である．これよりワイエルシュトラスの M テストの定理を適用してこのベキ級数は $|z| \leqq \rho$ で一様収束する（よって極限はこの区間で連続関数）．$\rho > 0$ の任意性によりベキ級数はすべての z で収束する．これによって定まる連続関数

$$E(z) = \sum_{n=0}^{\infty} \frac{z^n}{n!}$$

は z が実数のときは指数関数 e^z に一致することは既知であるが，すべての $z \in \mathbb{C}$ で一致することを次の節で検証する．

命題 2.8　ベキ級数 $\sum_{m=0}^{\infty} a_m z^m$ の収束半径を $r > 0$ とすると，$|z| < r$ の範囲でベキ級数が表す関数は連続である．

証明の概要　命題 2.6 の証明，定理 A.12 およびその補足を組み合わせて示される．■

命題 2.9　ベキ級数 $\sum_{m=0}^{\infty} a_m z^m$ を考える．ある定数 $A > 0, \rho > 0, p > 0$ があって係数 $a_m \in \mathbb{C}$ が

$$|a_m| \leqq \frac{A(1+m^p)\rho^m}{m!} \quad (m \in \mathbb{Z}_+)$$

を満たすならば，このベキ級数の収束半径は ∞ である．

証明　任意の $R > 0$ をとる．正項級数

$$\sum_{m=0}^{\infty} \frac{A(1+m^p)\rho^m}{m!} R^m$$

を考える．$\alpha_m = \{A(1+m^p)\rho^m/m!\}\, R^m$ とおくとき

$$\begin{aligned}
\lim_{m\to\infty} \frac{\alpha_{m+1}}{\alpha_m} &= \lim_{m\to\infty} \frac{\{A(1+(m+1)^p)\rho^{m+1}/(m+1)!\}\, R^{m+1}}{\{A(1+m^p)\rho^m/m!\}\, R^m} \\
&= \lim_{m\to\infty} \frac{(1/m^p)+(1+m^{-1})^p}{m^{-p}+1} \frac{\rho R}{m+1} = 0 < 1
\end{aligned}$$

正項級数のダランベールの収束判定法により，正項級数 $\sum_{m=0}^{\infty} \alpha_m$ は収束する．一方 $|z| \leqq R$ において $|a_m z^m| \leqq \alpha_m$ だから，ワイエルシュトラスの M テストにより $\sum_{m=0}^{\infty} a_m z^m$ は $|z| \leqq R$ で一様収束する．$R > 0$ の任意性によりこれは収束半径が ∞ であることを意味する．■

2.4　e^z, $\cos z$, $\sin z$ のベキ級数展開

e^z は特に重要な複素関数の代表例であり，そのベキ級数表示はよく用いられるのでこの節で論述する．前節で扱った $E(z)$ は収束半径 ∞ のベキ級数であるが e^z が $\mathbb{C}$ 全体でそれに等しいことを示す．次に $\cos z$, $\sin z$ のベキ級数も扱う．

補題 2.10　$z \in \mathbb{C}$, $t \in \mathbb{R}$ とする．e^{tz} は z を固定して t を実数変数として微分可能で次の公式が成立する．

$$\frac{d}{dt}\, e^{tz} = z e^{tz}$$

証明は省略する．各自計算せよ（問題 2.8）．

命題 2.11　$z \in \mathbb{C}$, $t \in \mathbb{R}$ とする．前節で与えた $E(z) = 1 + \sum_{n=1}^{\infty}(z^n/n!)$ に関し，$E(tz)$ は z を固定し t を実数変数として微分可能で次の公式が成立する．

$$\frac{d}{dt}\, E(tz) = zE(tz)$$

証明　$E_n(tz) = 1 + \sum_{k=1}^{n}(tz)^k/k!$ とおく．$t > 0$ で微分して

$$\frac{d}{dt}E_n(tz) = zE_{n-1}(tz)$$

を得る．変数を t から s にして $0 \leqq s \leqq t$ で積分して，$E_n(0) = 1$ より

$$E_n(tz) - 1 = \int_0^t zE_{n-1}(sz)\, ds \quad (t > 0)$$

を得る．ここで $n \to \infty$ で $E_n(z)$ は $E(z)$ に広義一様収束することから

$$E(tz) - 1 = \int_0^t zE(sz)\, ds$$

となる．これより $E(tz)$ は t に関して微分可能で $(d/dt)E(tz) = zE(tz)$ となる．■

系 2.12 次の公式が成立する.

$$e^z = 1 + \sum_{n=1}^{\infty} \frac{z^n}{n!} \quad (z \in \mathbb{C})$$

証明 $z \in \mathbb{C}, t \in \mathbb{R}$ として上で得た命題を用いて計算する.

$$\begin{aligned}\frac{d}{dt}(e^{-tz}E(tz)) &= \frac{d}{dt}(e^{t(-z)})\,E(tz) + e^{-tz}\frac{d}{dt}\,E(tz) \\ &= -ze^{t(-z)}E(tz) + e^{-tz}zE(tz) = 0\end{aligned}$$

よって $e^{-tz}E(tz)$ は t に関して定数関数である. $t = 0$ のときと比較して $e^{-tz}E(tz) = 1$ $(t \in \mathbb{R})$ となる. よって $t = 1$ を代入して結論を得る. ■

系 2.13 $\cos z, \sin z$ のベキ級数展開は以下で与えられる.

$$\cos z = 1 + \sum_{m=1}^{\infty} \frac{(-1)^m z^{2m}}{(2m)!}, \quad \sin z = \sum_{m=1}^{\infty} \frac{(-1)^{m-1} z^{2m-1}}{(2m-1)!}$$

証明 $\cos z = (e^{\boldsymbol{i}z} + e^{-\boldsymbol{i}z})/2$ の右辺に前命題の結果を代入する.

$$\begin{aligned}\cos z &= \frac{1}{2}\left(1 + \sum_{n=1}^{\infty} \frac{(\boldsymbol{i}z)^n}{n!} + 1 + \sum_{n=1}^{\infty} \frac{(-\boldsymbol{i}z)^n}{n!}\right) \\ &= \frac{1}{2}\left(1 + \sum_{n=1}^{\infty} \frac{\boldsymbol{i}^n z^n}{n!} + 1 + \sum_{n=1}^{\infty} \frac{(-\boldsymbol{i})^n z^n}{n!}\right) \\ &= 1 + \sum_{n=1}^{\infty} \frac{1}{2}(\boldsymbol{i}^n + (-\boldsymbol{i})^n)\frac{z^n}{n!}\end{aligned}$$

$$\frac{1}{2}(\boldsymbol{i}^n + (-\boldsymbol{i})^n) = \begin{cases}(-1)^k & (n = 2k) \\ 0 & (n = 2k-1)\end{cases} \quad (k \in \mathbb{N})$$

奇数次の項と偶数次の項で分けて考えて $\cos z$ の式の右辺を得る. $\sin z$ も同様にしてベキ級数展開が得られる. ■

演習問題

2.1 次のベキ級数は収束するか判定せよ.

(1) $\sum_{n=0}^{\infty} \frac{n}{3^n}$　(2) $\sum_{n=0}^{\infty} \frac{2^n}{n!}$　(3) $\sum_{n=1}^{\infty} \frac{1}{\sqrt{n}}$

2.2 次のベキ級数の収束半径を計算せよ.

(1) $\sum_{n=0}^{\infty} \frac{n^2}{3^n} z^n$　(2) $\sum_{n=0}^{\infty} \frac{n^3}{n!} z^n$　(3) $\sum_{n=0}^{\infty} n^2 z^n$

2.3 $z_1, z_2 \in \mathbb{C}$ に対し，次の等式を示せ.

$$\cosh(z_1 + z_2) = \cosh z_1 \cosh z_2 + \sinh z_1 \sinh z_2$$
$$\sinh(z_1 + z_2) = \sinh z_1 \cosh z_2 + \cosh z_1 \sinh z_2$$

2.4 $x, y \in \mathbb{R}$ に対し，次の等式を示せ.

$$|\sin(x + y\boldsymbol{i})|^2 = (\sin x)^2 + (\sinh y)^2$$
$$|\cos(x + y\boldsymbol{i})|^2 = (\cos x)^2 + (\sinh y)^2$$

2.5 $a > 0$ とする. $z^4 + (1/z^4) + a^4 + (1/a^4) = 0$ の解 z を求めよ.

2.6 $a > 0$ とする. $\cosh z + \cosh a = 0$ であるための必要十分条件は $z = \pm a + (2m-1)\pi\boldsymbol{i}$ $(m \in \mathbb{Z})$ と書けることであることを示せ.

2.7 正数列 $\{a_n\}_{n=0}^{\infty}$ に対して，次を示せ.

$$\lim_{n\to\infty} \frac{a_{n+1}}{a_n} = s \Longrightarrow \lim_{n\to\infty} a_n^{1/n} = s$$

2.8 $z \in \mathbb{C}, t \in \mathbb{R}$ として e^{tz} は t の関数として微分可能で

$$\frac{d}{dt} e^{tz} = z e^{tz}$$

が成り立つことを示せ.

2.9 $z \in \mathbb{C}, z \neq 0, p > 0$ として $z^p = e^{p \log z}$ を示せ.

2.10 $|z| < 1$ のとき

$$\frac{z}{1-z^2} + \frac{z^2}{1-z^4} + \frac{z^4}{1-z^8} + \cdots + \frac{z^{2^m}}{1-z^{2^{m+1}}} + \cdots = \frac{z}{1-z}$$

を示せ.

ヒント：自然数 $p \in \mathbb{N}$ は $p = 2^k(2\ell + 1)$ $(k, \ell \in \mathbb{Z}_+)$ と一意に表される.

2.11 $|z| > 1$ のとき

$$\frac{z}{z^2-1} + \frac{z^2}{z^4-1} + \frac{z^4}{z^8-1} + \cdots + \frac{z^{2^m}}{z^{2^{m+1}}-1} + \cdots = \frac{1}{z-1}$$

を示せ.

ヒント：前問を利用.

2.12 $p>0$ とする．数列 $a_n=n^p\log(n+1)$ $(n\geqq 0)$ に対して，ベキ級数 $\sum_{n=0}^{\infty}a_nz^n$ の収束半径を求めよ．

2.13 $0\leqq r<1,\ 0\leqq\theta<2\pi$ として，次の級数に関する公式を示せ．

$$1+\sum_{m=1}^{\infty}\left((re^{\theta\boldsymbol{i}})^m+(re^{-\theta\boldsymbol{i}})^m\right)=\frac{1-r^2}{1-2r\cos\theta+r^2}$$

2.14 複素数列 $\{z_n\}_{n=1}^{\infty}\subset\mathbb{C}$ が，ある $\delta>0$ に対して $|z_n-z_m|\geqq\delta$ $(m>n\geqq 1)$ を満たすと仮定する．このとき $\lim_{n\to\infty}|z_n|=\infty$ を示せ．

2.15 任意の $z\in\mathbb{C}$ に対して，次を示せ．

$$\lim_{n\to\infty}\left(1+\frac{z}{n}\right)^n=e^z$$

2.16 2 つのベキ級数 $f(z)=\sum_{m=0}^{\infty}a_mz^m,\ g(z)=\sum_{m=0}^{\infty}b_mz^m$ のそれぞれの収束半径は $r_1>0,\ r_2>0$ であると仮定する．もし $|z|<\min(r_1,r_2)$ の範囲で $f(z)=g(z)$ であるならば $a_m=b_m$ $(m\geqq 0)$ となることを示せ．

2.17 $a_m=\left(1+\dfrac{1}{2}\right)\left(1+\dfrac{1}{2^2}\right)\left(1+\dfrac{1}{2^3}\right)\cdots\left(1+\dfrac{1}{2^m}\right)$ $(m\geqq 1)$

によって定まる数列 $\{a_m\}_{m=1}^{\infty}$ は $m\to\infty$ のとき収束することを示せ．
ヒント：$\log(1+x)\leqq x$ $(x>-1)$

2.18 級数 $\sum_{n=1}^{\infty}z^{n!}$ の収束半径を求めよ．

2.19 $\cosh z,\ \sinh z$ のベキ級数展開を求めよ．

第 3 章

複素関数の微分積分 II

本章で複素領域における関数の複素微分可能性を定める．複素微分可能な関数は正則関数と呼ばれ複素関数論の主役である．そして複素関数論は正則関数の基礎的な諸性質に関する理論である．本章では一連の重要な定理を順々に見てゆく．

3.1　複素微分可能性と正則関数

$D \subset \mathbb{C}$ として D は開集合とする．f を D で定義された複素数値関数とする．複素微分可能性の説明から話を始める．

定義　$z_0 \in D$ において関数 f が**複素微分可能**であるとは，極限

$$\lim_{z \to z_0} \frac{f(z) - f(z_0)}{z - z_0}$$

が存在することである．上の極限では z は $\mathbb{C}$ の中で z_0 に近づくことに注意せよ．この値を**複素微分係数**と呼び $f'(z_0)$ と書く．D のすべての点で複素微分可能であるとき，単に f は D で複素微分可能であるという．各 $z \in D$ に $f'(z)$ を対応させる関数を**複素導関数**という．$f'(z)$ は df/dz, $(d/dz)f$, $\frac{df}{dz}$ とも書く．また導関数を次の形で利用することも多い．

$$\frac{df}{dz}(z) = \lim_{w \to 0} \frac{f(z+w) - f(z)}{w}$$

関数 $f\colon D \longrightarrow \mathbb{C}$ が D で複素微分可能であることを D で**正則**あるいは**正則関数**という．

f が D で複素微分可能なら連続関数となる．実際，任意の $z_0 \in D$ において複素微分可能であることから，次のようになるからである．

$$f(z_0+w)-f(z_0)=f'(z_0)\,w+o(w)\to 0 \qquad (w\to 0)$$

命題 3.1　関数 $f\colon D\longrightarrow \mathbb{C}$ について，$z_0\in D$ として次の 2 条件は同値である．

(i)　$f(z)$ は z_0 で複素微分可能である．

(ii)　$\alpha\in\mathbb{C}$, $\delta>0$ および関数 $h\colon B(z_0,\delta)\longrightarrow\mathbb{C}$ があって，次が成立する[†]．

$$f(z)=f(z_0)+\alpha(z-z_0)+h(z;z_0)(z-z_0) \quad (z\in B(z_0,\delta))$$
$$\lim_{z\to z_0} h(z;z_0)=0$$

条件 (ii) を仮定すれば f が z_0 で複素微分可能で $\alpha=f'(z_0)$ が従う．なぜなら

$$\frac{f(z)-f(z_0)}{z-z_0}=\alpha+h(z;z_0)\to\alpha \quad (z\to z_0)$$

だからである．この (ii) が有用な場合がしばしばおこる．また，$h(z;z_0)$ は z の関数だが，z_0 にも依存するので，このような書き方をしている．

命題 3.2　$D\subset\mathbb{C}$ 上の複素微分可能な関数 f, g があるとき複素数 a, b に対し $af+bg$ および fg は D で複素微分可能であり，次の公式が成立する．

$$\frac{d}{dz}(af+bg)=a\frac{df}{dz}+b\frac{dg}{dz},\quad \frac{d}{dz}(fg)=\frac{df}{dz}g+f\frac{dg}{dz} \quad (z\in D)$$

f/g は $D'=\{z\in D \mid g(z)\neq 0\}$ で複素微分可能であり，次の公式が成立する．

$$\frac{d}{dz}\left(\frac{f}{g}\right)=\frac{(df/dz)g-f(dg/dz)}{g^2} \quad (z\in D')$$

証明の概要　最初の 2 つは以下の等式において $w\to 0$ としてやれば良い．

$$\frac{af(z+w)+bg(z+w)-(af(z)+bg(z))}{w}$$
$$=a\,\frac{f(z+w)-f(z)}{w}+b\,\frac{g(z+w)-g(z)}{w}$$

[†] (ii) の h の条件式は $h(z;z_0)=o(1)$ $(z\to z_0)$ とも書ける．

$$\frac{f(z+w)g(z+w)-f(z)g(z)}{w}$$
$$=\frac{f(z+w)-f(z)}{w}\,g(z+w)+f(z)\,\frac{g(z+w)-g(z)}{w}$$

次に $g(z)\neq 0$ とすれば，g の連続性により適当に $\delta>0$ をとることで，$|g(z+w)|\geqq|g(z)|/2>0$ $(|w|<\delta)$ とできる．$0<|w|<\delta$ ならば

$$\gamma(w):=\frac{1}{w}\left(\frac{1}{g(z+w)}-\frac{1}{g(z)}\right)=\frac{-1}{g(z+w)g(z)}\,\frac{g(z+w)-g(z)}{w}$$

g の連続性により $g(z)\neq 0$ を用いて $\lim_{w\to 0}(1/g(z+w))=1/g(z)$ となる．よって

$$\lim_{w\to 0}\gamma(w)=-\frac{1}{g(z)^2}\,\frac{dg}{dz}(z)$$

$z\in D'$ の任意性により $(d/dz)(1/g)=-(dg/dz)/g(z)^2$ となる．最後に積の微分公式を合わせて次の通りとなる．

$$\frac{d}{dz}\left(\frac{f}{g}\right)=\frac{d}{dz}\left(f\cdot\frac{1}{g}\right)=\frac{df}{dz}\,\frac{1}{g}+f\,\frac{d}{dz}\left(\frac{1}{g}\right)$$
$$=\frac{df}{dz}\,\frac{1}{g}+f\left(-\frac{dg}{dz}\,g^{-2}\right)=\frac{(df/dz)g-f(dg/dz)}{g^2}\quad(z\in D')\quad\blacksquare$$

代表的な関数の導関数を求めるため準備をする．

命題 3.3

$$\lim_{z\to 0}\frac{e^z-1}{z}=1,\quad \lim_{z\to 0}\frac{\sin z}{z}=1,\quad \lim_{z\to 0}\frac{\log(1+z)}{z}=1,\quad \lim_{z\to 0}\frac{1-\cos z}{z^2}=\frac{1}{2}$$

証明　$z=x+y\boldsymbol{i}\in\mathbb{C}$ $(x=\mathrm{Re}(z),\ y=\mathrm{Im}(z))$ として

$$e^z=e^x\left(\cos y+(\sin y)\boldsymbol{i}\right)$$

である．実関数のテイラーの定理により，ある定数 $\delta>0,\ c_0,c_1,c_2>0$ および関数 $g_0,\ g_1,\ g_2$ があって

$$e^x=1+x+g_0(x),\quad \sin y=y+g_1(y),\quad \cos y=1+g_2(y)$$
$$|g_0(x)|\leqq c_0x^2,\quad |g_1(y)|\leqq c_1y^2,\quad |g_2(y)|\leqq c_2y^2\quad(|x|<\delta,\ |y|<\delta)$$

となる．これを用いて e^z を調べる．

$$
\begin{aligned}
e^z &= (1+x+g_0(x))\{1+g_2(y)+(y+g_1(y))\boldsymbol{i}\}\\
&= 1+x+y\boldsymbol{i}+xy\boldsymbol{i}+(1+x)(g_2(y)+g_1(y)\boldsymbol{i})+g_0(x)(1+y\boldsymbol{i}+g_2(y)+g_1(y)\boldsymbol{i})\\
&= 1+z+g(x,y)
\end{aligned}
$$

となる．ここで

$$
g(x,y) = xy\boldsymbol{i}+(1+x)(g_1(y)\boldsymbol{i}+g_2(y))+g_0(x)(1+y\boldsymbol{i}+g_1(y)\boldsymbol{i}+g_2(y))
$$

$(|z|=\sqrt{x^2+y^2}<\delta)$ としたが，g_0, g_1, g_2 の条件により，ある定数 $c>0$ が存在して

$$
|g(x,y)| \leqq c\,(x^2+y^2) = c\,|z|^2
$$

となる．よって

$$
\left|\frac{e^z-1}{z}-1\right| = \frac{|g(x,y)|}{|z|} \leqq c\,|z| \quad (z\in B(0,\delta)\setminus\{0\})
$$

となり $\displaystyle\lim_{z\to 0}(e^z-1)/z=1$ を得る．2 番目の式は

$$
\frac{\sin z}{z} = \frac{1}{z}\frac{1}{2\boldsymbol{i}}(e^{z\boldsymbol{i}}-e^{-z\boldsymbol{i}}) = \frac{1}{2}\left(\frac{e^{z\boldsymbol{i}}-1}{z\boldsymbol{i}}+\frac{e^{-z\boldsymbol{i}}-1}{-z\boldsymbol{i}}\right) \to 1 \quad (z\to 0)
$$

により得られる．ここで $z\to 0 \iff z\boldsymbol{i}\to 0$ を用いた．3 番目の式を検討する．定義により

$$
\log(1+z) = \log(1+x+y\boldsymbol{i}) = \log((1+x)^2+y^2)^{1/2}+\arctan\left(\frac{y}{1+x}\right)\boldsymbol{i}
$$

実関数のテイラーの定理から $\log(1+\tau)=\tau+O(\tau^2)$, $\arctan(\tau)=\tau+O(\tau^2)$ により $(x,y)\to(0,0)$ のとき

$$
\begin{cases}
\log((1+x)^2+y^2)^{1/2} = \dfrac{1}{2}\log(1+2x+x^2+y^2) = x+O(x^2+y^2)\\
\arctan\left(\dfrac{y}{1+x}\right) = y+O(x^2+y^2)
\end{cases}
$$

であるので

$$
\log(1+z) = x+y\boldsymbol{i}+O(x^2+y^2) = z+O(|z|^2) \quad (z\to 0)
$$

となり $\displaystyle\lim_{z\to 0}(1/z)\log(1+z)=1$ を得る．4 番目の式は上で行った計算により

$$
\lim_{z\to 0}\left(\frac{e^{z\boldsymbol{i}}-1}{z\boldsymbol{i}}\right)\left(\frac{e^{-z\boldsymbol{i}}-1}{-z\boldsymbol{i}}\right) = 1
$$

であるが

$$\left(\frac{e^{z\boldsymbol{i}}-1}{z\boldsymbol{i}}\right)\left(\frac{e^{-z\boldsymbol{i}}-1}{-z\boldsymbol{i}}\right)=\frac{1-e^{z\boldsymbol{i}}-e^{-z\boldsymbol{i}}+1}{z^2}=\frac{2-2\cos z}{z^2}$$

となるから元の式に当てはめて第4の式を得る. ■

命題 3.4　z^m（m は自然数）, e^z, $\sin z$, $\cos z$ は $\mathbb{C}$ で正則である.

$$\frac{d}{dz}z^m=mz^{m-1},\quad \frac{d}{dz}e^z=e^z,\quad \frac{d}{dz}\sin z=\cos z,\quad \frac{d}{dz}\cos z=-\sin z$$

また $\log z$ は $D=\mathbb{C}\setminus\{z\in\mathbb{R}\mid z\leqq 0\}$ で正則で $(d/dz)\log z=1/z$ である.

証明　$z\in\mathbb{C}$ を任意にとる.

$$\begin{aligned}\lim_{w\to 0}\frac{(z+w)^m-z^m}{w}&=\lim_{w\to 0}\frac{\sum_{j=0}^{m}{}_m\mathrm{C}_j\,z^{m-j}w^j-z^m}{w}\\&=\lim_{w\to 0}\frac{\sum_{j=1}^{m}{}_m\mathrm{C}_j\,z^{m-j}w^j}{w}\\&=\lim_{w\to 0}\sum_{j=1}^{m}{}_m\mathrm{C}_j\,z^{m-j}w^{j-1}\\&=\lim_{w\to 0}\left(mz^{m-1}+\sum_{j=2}^{m}{}_m\mathrm{C}_j\,z^{m-j}w^{j-1}\right)=mz^{m-1}\end{aligned}$$

より $(d/dz)z^m=mz^{m-1}$ となる.

$$\lim_{w\to 0}\frac{e^{z+w}-e^z}{w}=e^z\lim_{w\to 0}\frac{e^w-1}{w}=e^z$$

これより $(d/dz)e^z=e^z$ となる.

$$\frac{\sin(z+w)-\sin z}{w}=\frac{1}{w}\left(\frac{1}{2\boldsymbol{i}}(e^{(z+w)\boldsymbol{i}}-e^{-(z+w)\boldsymbol{i}})-\frac{1}{2\boldsymbol{i}}(e^{z\boldsymbol{i}}-e^{-z\boldsymbol{i}})\right)$$

$$=\frac{1}{2}\left(e^{z\boldsymbol{i}}\,\frac{e^{w\boldsymbol{i}}-1}{w\boldsymbol{i}}+e^{-z\boldsymbol{i}}\,\frac{e^{-w\boldsymbol{i}}-1}{(-w\boldsymbol{i})}\right)\to\frac{1}{2}(e^{z\boldsymbol{i}}+e^{-z\boldsymbol{i}})=\cos z\quad(w\to 0)$$

となり $(d/dz)\sin z=\cos z$ となる.

$$\frac{\cos(z+w)-\cos z}{w}=\frac{1}{w}\left(\frac{1}{2}(e^{(z+w)\boldsymbol{i}}+e^{-(z+w)\boldsymbol{i}})-\frac{1}{2}(e^{z\boldsymbol{i}}+e^{-z\boldsymbol{i}})\right)$$

$$= \frac{\boldsymbol{i}}{2}\left(e^{z\boldsymbol{i}}\frac{e^{w\boldsymbol{i}}-1}{w\boldsymbol{i}} - e^{-z\boldsymbol{i}}\frac{e^{-w\boldsymbol{i}}-1}{(-w\boldsymbol{i})}\right) \to -\frac{1}{2\boldsymbol{i}}(e^{z\boldsymbol{i}} - e^{-z\boldsymbol{i}}) = -\sin z \quad (w \to 0)$$

となり $(d/dz)\cos z = -\sin z$ となる．

$z \in D$ として w は 0 に近い複素数であるとすると $z+w \in D$ となり

$$\frac{\log(z+w) - \log z}{w} = \frac{1}{w}\log\left(1+\frac{w}{z}\right) = \frac{1}{z}\,\frac{\log(1+(w/z))}{(w/z)} \to \frac{1}{z} \quad (w \to 0)$$

から最後の主張が示された．■

この命題から，多項式関数，e^z, $\sin z$, $\cos z$ の複素導関数は再びこの仲間に属するので複素微分可能となる．繰り返して議論すること（数学的帰納法）で何回でも複素微分可能ということができる．

原始関数　領域 D 上に正則関数 $f(z)$ があるとする．いま D 上に正則関数 $F(z)$ があり $dF/dz = f(z)$ $(z \in D)$ となるとき F を f の**原始関数**という．

f に対して原始関数 F が存在するかどうかは自明なことではなく，D や f の幾何的な性質に深く依存している．

複素微分可能でない関数の例　関数 $g(z) = \overline{z}$ は $\mathbb{C}$ で連続であるが，すべての z において複素微分可能でない．これを分析しよう．$z = 0$ において考える．

$$\iota(\zeta) = \frac{f(\zeta) - f(0)}{\zeta} = \frac{\overline{\zeta}}{\zeta}$$

となるが $\zeta = re^{\theta\boldsymbol{i}}$ $(r > 0,\ \theta \in [0, 2\pi))$ としてみる．$r \downarrow 0$ とすると θ によらず $|\zeta| \to 0$ なので $\zeta \to 0$ となるが，$\iota(\zeta) = e^{-2\theta\boldsymbol{i}}$ となる．よって $\theta = 0$ および $\theta = \pi/4$ に対する $\lim_{r\downarrow 0}\iota(\zeta)$ は異なっている．要するに ζ が 0 に近づく方向によって $\iota(\zeta)$ が近づく値が一定値ではない．これは g が 0 で複素微分可能ではないことになる．また他の点でも同様な状況となっている．

問 **3.1**　以下の極限を考察せよ．ただし $m \in \mathbb{Z}$ である．

(1)　$\displaystyle\lim_{z\to 0}\frac{\sin(mz)}{z}$　　(2)　$\displaystyle\lim_{z\to 0}\frac{1-2\cos z+\cos(2z)}{z^2}$

問 **3.2**　f は D で正則であると仮定する．$m \in \mathbb{N}$ としたとき次の公式を示せ．

$$\frac{d}{dz}(f(z)^m) = mf(z)^{m-1}\left(\frac{df}{dz}\right)$$

合成関数

命題 3.5　2 つの領域 $D, E \subset \mathbb{C}$ があり複素関数 $f = f(w)\colon D \longrightarrow \mathbb{C}$, $g = g(z)\colon E \longrightarrow \mathbb{C}$ はそれぞれ正則であると仮定する．また $g(z) \in D$ $(z \in E)$ と仮定する．このとき合成関数 $(f \circ g)(z) = f(g(z))$ は E で正則であり，次の公式が成立する．

$$\frac{df(g(z))}{dz} = \frac{df}{dw}(g(z))\frac{dg(z)}{dz} \quad (z \in E)$$

証明　$z_0 \in E$ を任意にとり，$w_0 = g(z_0) \in D$ とする．複素微分可能性により

$$g(z) - g(z_0) = g'(z_0)(z - z_0) + h(z; z_0)(z - z_0), \qquad \lim_{z \to z_0} h(z; z_0) = 0$$

$$f(w) - f(w_0) = f'(w_0)(w - w_0) + k(w; w_0)(w - w_0), \quad \lim_{w \to w_0} k(w; w_0) = 0$$

となる．以上より

$$\begin{aligned}
&(f \circ g)(z) - (f \circ g)(z_0) \\
&= f(g(z)) - f(g(z_0)) \\
&= \{f'(w_0) + k(g(z); g(z_0))\}(g(z) - g(z_0)) \\
&= \{f'(w_0) + k(g(z); g(z_0))\}(g'(z_0) + h(z; z_0))(z - z_0) \\
&= f'(w_0)g'(z_0)(z - z_0) + f'(w_0)h(z; z_0)(z - z_0) \\
&\quad + k(g(z); g(z_0))(g'(z_0) + h(z; z_0))(z - z_0)
\end{aligned}$$

となり

$$H(z; z_0) = f'(w_0)h(z; z_0) + k(g(z); g(z_0))(g'(z_0) + h(z; z_0))$$

とおけば

$$(f \circ g)(z) - (f \circ g)(z_0) = f'(w_0)g'(z_0)(z - z_0) + H(z; z_0)(z - z_0)$$

となる．$z \to z_0$ のとき $w = g(z) \to w_0 = g(z_0)$ であるから $H(z; z_0) \to 0$ であり $(f \circ g)(z)$ は，命題 3.1 より z_0 で複素微分可能となる．また微分係数は

$$f'(w_0)g'(z_0) = \frac{df}{dw}(g(z_0))\frac{dg}{dz}(z_0)$$

となる．z_0 の任意性により結論を得る．■

問 **3.3**　$m \in \mathbb{N}$, $a > 0$ とする．次の計算をせよ．

(1)　$\dfrac{d}{dz}\exp(z^2)$　　(2)　$\dfrac{d}{dz}\sin(e^{-z})$

(3)　$\dfrac{d}{dz}a^z$　　(4)　$\dfrac{d}{dz}\dfrac{1}{(1-z)^m}$　$(z \neq 1)$

命題 3.6　関数 $f\colon D \longrightarrow \mathbb{C}$ は正則であると仮定する．また区間 (a,b) 上の複素数値関数 $\xi = \xi(t)$ は実数変数 t に関して微分可能であると仮定する．また $\xi(t) \in D$ $(t \in (a,b))$ とする．このとき $f(\xi(t))$ は t に関して微分可能で次が成立する．

$$\frac{d}{dt}f(\xi(t)) = \frac{df}{dz}(\xi(t))\frac{d\xi(t)}{dt} \quad (t \in (a,b))$$

証明　命題 3.5 とほとんど同じ議論であるので省略する．■

例題 3.1

f はある円板 $D = B(w,r)$ において正則で $f'(z) = 0$ $(z \in D)$ であると仮定する．このとき f は D で定数関数であることを示せ．

【解　答】　$z \in D$ を任意にとって $F(t) = f((1-t)w + tz)$ とおく．ただし $0 \leqq t \leqq 1$ である．このとき

$$\frac{dF}{dt}(t) = \frac{df}{dz}((1-t)w + tz)\,(z - w) = 0$$

微分積分学の基本定理により

$$f(z) - f(w) = [F(t)]_{t=0}^{t=1} = \int_0^1 \frac{dF}{dt}(t)\,dt = 0$$

よって f は定数関数となる．

この例題は D が一般の領域でも成立する．ただし証明には D の連結性の条件を本質的に利用しなければならない．

問 **3.4**　$\mathbb{C}$ における正則関数 f が $(df/dz)(z) = a$（定数関数）を満たすとき，ある定数 c があって $f(z) = az + c$ となることを示せ．
ヒント：$G(z) = f(z) - az$ を考えれば良い．

3.2　収束ベキ級数と正則性

本節ではベキ級数 $\sum_{m=0}^{\infty} a_m z^m$ の収束半径内における複素微分可能性を考える．収束半径 r は正であると仮定する．このとき，ベキ級数が収束半径の円内で表す関数

$$f(z) = \sum_{m=0}^{\infty} a_m z^m \quad (|z| < r)$$

を考える．部分和 $S_n(z) = a_0 + a_1 z + \cdots + a_n z^n$ は多項式関数なので $\mathbb{C}$ で正則であり，$\rho \in (0, r)$ ならば $S_n(z)$ は $n \to \infty$ のとき $|z| \leqq \rho$ で $f(z)$ に一様収束する．また

$$S_n'(z) = \sum_{k=1}^{n} k a_k z^{k-1}$$

にも注意しておこう．ここから $f(z)$ の導関数を検討する．

定理 3.7　ベキ級数 $f(z) = \sum_{n=0}^{\infty} a_n z^n$ に対して，その収束半径を r とする．このとき $|z| < r$ の範囲で $f(z)$ は複素微分可能であり $f'(z)$ は次のベキ級数表示をもつ．

$$f'(z) = \sum_{n=1}^{\infty} n a_n z^{n-1} \quad (|z| < r)$$

次の補題を準備する．

補題 3.8　定理 3.7 の仮定の下でベキ級数 $\sum_{n=1}^{\infty} n a_n z^{n-1}$ の収束半径は r である．

証明　このベキ級数の収束半径を s とする．このとき

$$\frac{1}{s} = \limsup_{n\to\infty} |n a_n|^{1/(n-1)} = \limsup_{n\to\infty} n^{1/(n-1)} (|a_n|^{1/n})^{n/(n-1)}$$

ここで $\lim_{n\to\infty} n^{1/(n-1)} = 1$, $\lim_{n\to\infty} n/(n-1) = 1$ より次の結論を得る．

$$\frac{1}{s} = \limsup_{n\to\infty} |a_n|^{1/n} = \frac{1}{r} \quad ■$$

定理 3.7 の証明　$z_0 \in \mathbb{C}$ とする．ただし $|z_0| < r$ を仮定する．

$$S_n(z) = \sum_{k=0}^{n} a_k z^k$$

$$T_n(z) = \sum_{k=1}^{n} k a_k z^{k-1}$$

とおくとこれらは z の多項式なので正則であり $S_n'(z) = T_n(z)$ となる．$S_n(tz)$, $T_n(tz)$ はそれぞれ t に関して多項式であることに注意する．直接計算によって

$$\frac{d}{dt}(S_n((1-t)z_0 + tz)) = (z - z_0)\, T_n((1-t)z_0 + tz)$$

である．$0 \leqq t \leqq 1$ で積分して

$$S_n(z) - S_n(z_0) = (z - z_0) \int_0^1 T_n((1-t)z_0 + tz)\, dt$$

さて任意に $\rho \in (0, r)$ をとると $n \to \infty$ のとき $S_n(z)$, $T_n(z)$ はそれぞれ

$$S(z) = \sum_{k=0}^{\infty} a_k z^k$$

$$T(z) = \sum_{k=1}^{\infty} k a_k z^{k-1}$$

に $|z| \leqq \rho$ で一様収束する．補題 3.8 より $T(z)$ の収束半径は r であることをここで用いている．よって

$$f(z) - f(z_0) = (z - z_0) \int_0^1 T((1-t)z_0 + tz)\, dt$$

となる．

$$\begin{aligned}
&\int_0^1 T((1-t)z_0 + tz)\, dt \\
&= T(z_0) + \int_0^1 \{T((1-t)z_0 + tz) - T(z_0)\}\, dt
\end{aligned}$$

だから

$$W(z; z_0) = \int_0^1 \{T((1-t)z_0 + tz) - T(z_0)\}\, dt$$

とおくと T の連続性より

$$\lim_{z \to z_0} W(z; z_0) = 0$$

がいえる.

$$f(z) - f(z_0) = T(z_0)(z - z_0) + W(z; z_0)(z - z_0)$$

および命題 3.1 により $f(z)$ は z_0 で複素微分可能で

$$f'(z_0) = T(z_0)$$

となる. ■

問 3.5　$f(z) = \sum_{m=0}^{\infty} a_m z^m$ の収束半径は $r > 0$ とする. $|z| < r$ において, この関数 $f(z)$ は原始関数をもつ, すなわち $c \in \mathbb{C}$ として

$$F(z) = c + \sum_{m=0}^{\infty} \frac{a_m}{m+1} z^{m+1}$$

は同じ収束半径 r をもち $|z| < r$ において

$$\frac{dF}{dz} = f(z)$$

となることを示せ.

問 3.6　$|z| < 1$ の範囲において, 次の等式を示せ.

(1) $\displaystyle\sum_{n=1}^{\infty} n z^{n-1} = \frac{1}{(1-z)^2}$

(2) $\displaystyle\sum_{n=2}^{\infty} n(n-1)\, z^{n-2} = \frac{2}{(1-z)^3}$

3.3　曲線およびその長さ

本節では曲線やその長さを定式化する．

定義（**有向曲線**）$a, b \in \mathbb{R}$, $a \leqq b$ として，連続写像 $\zeta = \zeta(t)\colon [a,b] \longrightarrow \mathbb{C}$ を**曲線**という．これは $\mathrm{Re}(\zeta(t))$, $\mathrm{Im}(\zeta(t))$ が $t \in [a,b]$ に関し実数値の連続関数であることと同じである．逆に $[a,b]$ 上の実数値連続関数 $\phi(t)$, $\psi(t)$ が与えられたとき $\zeta(t) = \phi(t) + \psi(t)\boldsymbol{i}$ によって $\mathbb{C}$ 内の曲線を与えることができる．$\zeta(a)$ を**始点**，$\zeta(b)$ を**終点**とする．曲線に始点と終点を指定することで曲線に**向き**が定まる．向きを指定した曲線を**有向曲線**という（図 **3.1**）．

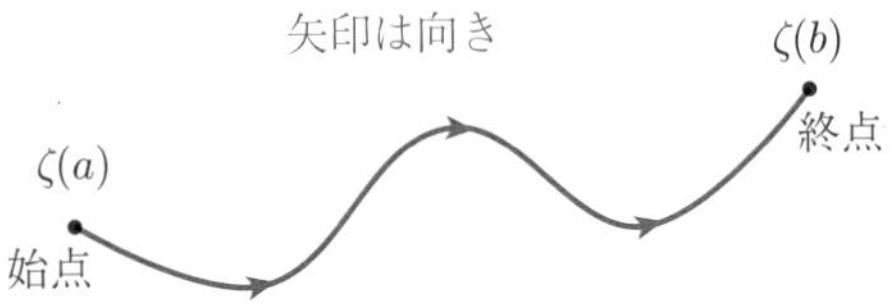

図 **3.1**　曲線と向き

上の状況を，曲線 $C\colon \zeta = \zeta(t) \in \mathbb{C}$ $(a \leqq t \leqq b)$ と表す．この C に対して $\rho(t) = \zeta(b-(t-a))$ として逆向きの曲線を考えることもできる．集合としては C と一致しているが始点，終点は入れ替わっている．この有向曲線を C の逆向き有向曲線として C^{-1} と表す．

曲線 $C\colon \zeta = \zeta(t)$ $(a \leqq t \leqq b)$ でパラメータの区間 $[a,b]$ は必ずしも本質的ではない．なぜなら別の区間 $[a', b']$ を選び，連続な全単射 $\sigma\colon [a', b'] \longrightarrow [a,b]$ で $\sigma(a') = a$, $\sigma(b') = b$ となるものをとり，曲線 $C'\colon \widetilde{\zeta}(s) = \zeta(\sigma(s))$ $(a' \leqq s \leqq b')$ を考えれば，C' は集合として C と一致し始点と終点も一致している．両者は有向曲線として同等であると考えられる．$a' = 0$, $b' = 1$ の場合には $\sigma(s) = (1-s)a + sb$ とすればパラメータの区間を $[0,1]$ としても一般性を失わないで曲線を定式化できる．具体的な課題において曲線を扱う際にパラメータ t の動く区間を目的に応じて適宜に選ぶことはよくある．

有向曲線の接続　2 つの有向曲線 $C_1\colon \zeta_1 = \zeta_1(t)$ $(0 \leqq t \leqq 1)$, $C_2\colon \zeta_2 = \zeta_2(t)$ $(0 \leqq t \leqq 1)$ があり，C_1 の終点と C_2 の始点が一致していると仮定する．この

とき2つをつないで新たな有向曲線を作る.

$$\widetilde{\zeta}(t) = \begin{cases} \zeta_1(2t) & (0 \leqq t < 1/2) \\ \zeta_2(2t-1) & (1/2 \leqq t \leqq 1) \end{cases}$$

これを C_1, C_2 の**接続**といい $C_1 \circ C_2$ と表す.

複素関数論ではいくつかの単純な有向曲線を接続して積分路というものを作る. その際に上記の接続が必要となる.

定義 曲線 $C\colon \zeta = \zeta(t)$ $(a \leqq t \leqq b)$ が**単一曲線**(あるいは単純曲線)であるとは, 条件『$a \leqq s < t \leqq b$, $(s,t) \neq (a,b) \Longrightarrow \zeta(t) \neq \zeta(s)$』が成立することである.

単一曲線でないケースにおいては上の条件内の s, t で $\zeta(t) = \zeta(s)$ となる点が生じ, これを**重複点**という(図 **3.2** 参照). 曲線 C において始点と終点が一致する $(\zeta(a) = \zeta(b))$ とき, C を**閉曲線**という. 単一曲線かつ閉曲線であるものを**単一閉曲線**という[†]. 定義から単一閉曲線には重複点はないことに注意しよう.

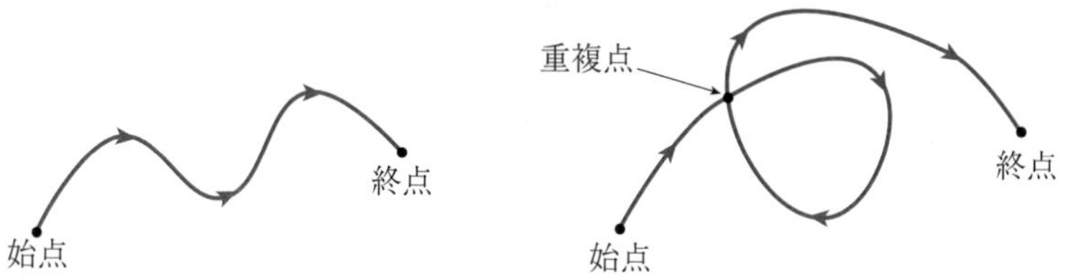

(a)　単一曲線　　(b)　単一でない曲線

図 **3.2**　単一曲線と単一でない曲線

例 $\zeta(t) = e^{it}$ $(0 \leqq t \leqq 2\pi)$ は単一閉曲線である.

定義 (**長さ有限の曲線**) 曲線 $C\colon \zeta = \zeta(t) \in \mathbb{C}$ $(a \leqq t \leqq b)$ が**有限の長さをもつ**とは, ある $M > 0$ が存在して,

$(*)$: $[a,b]$ の任意の分割 Δ: $a = \tau_0 \leqq \tau_1 \leqq \tau_2 \leqq \cdots \leqq \tau_{p-1} \leqq \tau_p = b$ に対して

[†] ジョルダン曲線ともいう.

$$\sum_{k=1}^{p} |\zeta(\tau_k) - \zeta(\tau_{k-1})| \leqq M$$

となること

である．これは C の上に任意の有限個の点をとって順に線分でつなげて得られる折れ線の長さが一定値 M をこえない，という意味である．

用語　(**分割のサイズ**)　上で与えた区間 $[a,b]$ の分割 Δ に対して

$$\|\Delta\| = \max_{1 \leqq k \leqq p} |\tau_k - \tau_{k-1}|$$

とおいて**分割 $\boldsymbol{\Delta}$ のサイズ**という．これは区分けの細かさの指標で $\|\Delta\|$ がゼロに近づくと分点による折れ線は C を精細に近似するという意味合いをもつ (図 **3.3**)．

定義　(**曲線の長さ**)　曲線 C が単一であるとする．曲線 C に対して条件 $(*)$ を満たす M の最小値を曲線 C の**長さ** $\ell(C)$ と定める．このような M が存在しないとき C の長さは無限大と定める．

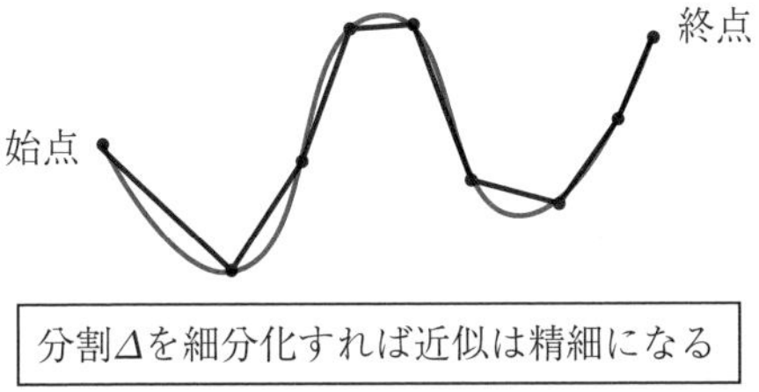

図 **3.3**　曲線の折れ線近似

分点を増加させると三角不等式により折れ線は長くなるので極限値[†] として長さを定めることもできる．曲線は単一を仮定しているが，もしそうでなければ $\zeta(t)$ が同じ所を行ったり来たりして 1 つの部分を重複して余分に計量してしまう可能性があることに注意する．ただし単一曲線でなくても重複点が高々有限個しかない場合はこの定義は有効である．一方有向曲線 C の長さはパラメータ付けの仕方にはよらない量であることにも注意しよう (A.3 節で議論をする)．

† すべての近似折れ線の長さの上限ということもできる．

定義 （$\boldsymbol{C^1}$ **級曲線**） 曲線 $C\colon \zeta = \zeta(t) \in \mathbb{C}\ (a \leqq t \leqq b)$ が $\boldsymbol{C^1}$ **級曲線**であるとは $\zeta(t)$ が $a \leqq t \leqq b$ で C^1 級であることと定める†.

命題 3.9　曲線 $C\colon \zeta = \zeta(t) \in \mathbb{C}\ (a \leqq t \leqq b)$ が単一であり C^1 級のときは, 長さ $\ell(C)$ は有限となり次の式で与えられる.

$$\ell(C) = \int_a^b \left| \frac{d\zeta}{dt} \right| dt$$

この命題の証明は補足で行う（A.3 節参照).

定義 （**区分的** $\boldsymbol{C^1}$ **級曲線**） 曲線 $C\colon \zeta = \zeta(t) \in \mathbb{C}\ (a \leqq t \leqq b)$ が**区分的** $\boldsymbol{C^1}$ **級曲線**であるとは区間 $[a, b]$ の有限個の内分点 $a = \tau_0 < \tau_1 < \tau_2 < \cdots < \tau_p = b$ が存在して $\zeta(t)$ が各区間 $[\tau_{k-1}, \tau_k]\ (1 \leqq k \leqq p)$ において C^1 級であることと定める. この曲線がもし単一であるならば長さは C^1 級である区間ごとに考えれば良いので次の式で与えられる.

$$\ell(C) = \sum_{k=1}^{p} \int_{\tau_{k-1}}^{\tau_k} |\zeta'(t)|\, dt$$

問 **3.7**　曲線 $C\colon \zeta = \zeta(t) \in \mathbb{C}\ (a \leqq t \leqq b)$ が, ある $L > 0$ に対して

$$|\zeta(t) - \zeta(s)| \leqq L(t - s) \quad (a \leqq s \leqq t \leqq b)$$

を満たすならば, C は長さ有限の曲線となることを示せ.

問 **3.8**　曲線 $\zeta(t) = (1 - t\boldsymbol{i})\, e^{t\boldsymbol{i}}\ (0 \leqq t \leqq 1)$ の長さを求めよ.

問 **3.9**　曲線 $C\colon \zeta(t) = e^{t\boldsymbol{i}} + (1/3)\, e^{3t\boldsymbol{i}}\ (0 \leqq t \leqq 2\pi)$ は単一閉曲線となることを示せ. C の長さを求めよ.

問 **3.10**　次の式で与えられる曲線 $\zeta = \zeta(t)\ (0 \leqq t \leqq 1)$ は長さが有限でないことを示せ.

$$\zeta(t) = \begin{cases} 0 & (t = 0) \\ t e^{(1/t)\boldsymbol{i}} & (0 < t \leqq 1) \end{cases}$$

---

† 閉区間 $[a, b]$ で C^1 級であるとは (a, b) で C^1 級関数であって $\zeta'(t)$ が極限値 $\displaystyle\lim_{t \to a+0} \zeta'(t)$, $\displaystyle\lim_{t \to b-0} \zeta'(t)$ をもつことである. 関数 $\zeta(t)$ が滑らかであっても曲線 C が図形として滑らかとは限らない.

3.4 線 積 分

領域 D および曲線 $C\colon \zeta = \zeta(t)$ $(a \leqq t \leqq b)$ があるとする．$C \subset D$ とする．D 上の関数 f が与えられたとき f の C における線積分 $\int_C f(z)\,dz$ を以下で定める．本節ではこの設定を固定して話を進める．微分積分学で学んだ実数区間上の関数のリーマン積分の考えを適用して線積分を定める．

複素線積分とリーマン和　区間 $[a,b]$ の任意の分割

$$\Delta\colon a = \tau_0 \leqq \tau_1 \leqq \cdots \leqq \tau_{p-1} \leqq \tau_p = b$$

および任意の代表点 $\xi_i \in [\tau_{i-1}, \tau_i]$ $(1 \leqq i \leqq p)$ に対し**リーマン和**を

$$S(f, \Delta, \{\xi_i\}_{1 \leqq i \leqq p}) = \sum_{i=1}^{p} f(\zeta(\xi_i))\,(\zeta(\tau_i) - \zeta(\tau_{i-1}))$$

と定める．$\|\Delta\| \to 0$ に対して，その過程における代表点のとり方によらず一定値 S があり

$$S(f, \Delta, \{\xi_i\}_{1 \leqq i \leqq p}) \to S$$

となるとき $S = \int_C f(z)\,dz$ と定める．

ϵ-δ 論法を用いて記述すれば次の通りとなる．ある複素数 S が存在して，任意の $\epsilon > 0$ に対して，ある $\delta > 0$ が存在して，分割 $\Delta\colon a = \tau_0 \leqq \tau_1 \leqq \cdots \leqq \tau_{p-1} \leqq \tau_p = b$ および代表点 $\xi_i \in [\tau_{i-1}, \tau_i]$ $(1 \leqq i \leqq p)$ が $\|\Delta\| < \delta$ を満たすならば

$$|S(f, \Delta, \{\xi_i\}_{1 \leqq i \leqq p}) - S| < \epsilon$$

となる．

定理 3.10　上の状況において有向曲線 C は長さ有限とし f が D で連続であるならば線積分 $\int_C f(z)\,dz$ が存在し有限確定値をとる．

定理 3.11　上の状況において曲線 C は長さ有限とし f, g が D で連続で，$\alpha, \beta \in \mathbb{C}$ ならば

$$\int_C (\alpha f(z) + \beta g(z))\,dz = \alpha \int_C f(z)\,dz + \beta \int_C g(z)\,dz$$

$$\int_{C^{-1}} f(z)\,dz = -\int_C f(z)\,dz$$

が成立する.

命題 3.12（C^1 **級曲線の場合**） 曲線 $C\colon \zeta = \zeta(t)$ $(a \leqq t \leqq b)$ が C^1 級であり f が D で連続であるならば，次が成立する.

$$\int_C f(z)\,dz = \int_a^b f(\zeta(t))\zeta'(t)\,dt$$

この式の右辺が有限確定値をとることは関数 $f(\zeta(t))\zeta'(t)$ が有界閉区間 $[a,b]$ で連続であることから従う.

ここで曲線 C のパラメータ付けを替えても上の公式の右辺の値は同じ値であることを見る. $t = \phi(s)\colon [a',b'] \longrightarrow [a,b]$ が C^1 級の全単射であるとする. このとき $dt/ds = \phi'(s)$ であるから

$$\begin{aligned}\int_a^b f(\zeta(t))\,\zeta'(t)\,dt &= \int_{a'}^{b'} f(\zeta(\phi(s)))\,\zeta'(\phi(s))\,\phi'(s)\,ds \\ &= \int_{a'}^{b'} f(\zeta(\phi(s)))\,\frac{d}{ds}\zeta(\phi(s))\,ds\end{aligned}$$

よって曲線 C を $\tilde{\zeta}(s) = \zeta(\phi(s))$ $(a' \leqq s \leqq b')$ と表現しても C の長さの公式は同じ値を与えている.

問 **3.11**　曲線 $C\colon \zeta = \zeta(t) \in \mathbb{C}$ $(a \leqq t \leqq b)$ が C^1 級の閉曲線であると仮定する. このとき $\int_C 1\,dz = 0$ となることを示せ.

計算例　有向曲線 $C\colon \zeta(t) = (1-t) + t\boldsymbol{i}$ $(0 \leqq t \leqq 1)$ に対して線積分 $I = \int_C |z|^2\,dz$ を計算する. $d\zeta/dt = \boldsymbol{i} - 1$ であるから

$$\begin{aligned}I &= \int_0^1 |(1-t)+t\boldsymbol{i}|^2(\boldsymbol{i}-1)\,dt = \int_0^1 ((1-t)^2+t^2)(\boldsymbol{i}-1)\,dt \\ &= \left[\frac{1}{3}(t-1)^3 + \frac{1}{3}t^3\right]_{t=0}^{t=1}(\boldsymbol{i}-1) = \left(\frac{1}{3} - \left(-\frac{1}{3}\right)\right)(\boldsymbol{i}-1) = \frac{2}{3}(\boldsymbol{i}-1)\end{aligned}$$

計算例　$R > 0, p \in \mathbb{N}$ とする. 有向曲線 $C\colon \zeta(t) = Re^{t\boldsymbol{i}}$ $(0 \leqq t \leqq 2\pi)$ に対して線積分

$$I = \int_C \frac{1}{z^p}\,dz$$

を計算する．$d\zeta/dt = R\boldsymbol{i}e^{\boldsymbol{i}t}$ を用いて次を得る．

$$I = \int_0^{2\pi} (R^{-p}e^{-p\boldsymbol{i}t})\boldsymbol{i}Re^{\boldsymbol{i}t}\,dt = \boldsymbol{i}\int_0^{2\pi} R^{1-p}e^{(-p+1)\boldsymbol{i}t}\,dt = \begin{cases} 2\pi\boldsymbol{i} & (p=1) \\ 0 & (p \geqq 2) \end{cases}$$

計算例 複素線積分を三角関数の積分計算に応用する．$m \in \mathbb{N}$ とする．

(1) $\displaystyle\int_0^{2\pi} (\cos\theta)^m\,d\theta$ (2) $\displaystyle\int_0^{2\pi} (\sin\theta)^m\,d\theta$

を計算してみよう．これはベータ関数を通じて計算できるがここでは変数変換 $z = e^{\theta\boldsymbol{i}}$ を通じて複素積分に直す．

$$dz = \left(\frac{dz}{d\theta}\right)d\theta = \boldsymbol{i}e^{\theta\boldsymbol{i}}\,d\theta = \boldsymbol{i}z\,d\theta$$

を用いて置換積分を行う．$\cos\theta = (e^{\theta\boldsymbol{i}} + e^{-\theta\boldsymbol{i}})/2 = (z + (1/z))/2$ より

$$(\cos\theta)^m = \frac{1}{2^m}\left(z + \frac{1}{z}\right)^m = \frac{1}{2^m}\sum_{p=0}^{m} {}_m\mathrm{C}_p\, z^{m-p}z^{-p} = \frac{1}{2^m}\sum_{p=0}^{m} {}_m\mathrm{C}_p\, z^{m-2p}$$

である．$C(1) = \{z \in \mathbb{C} \mid |z| = 1\}$ として反時計回りの向きを入れておく．これによって線積分の定義を逆用して次を得る．

$$\begin{aligned} J_m &:= \int_0^{2\pi} (\cos\theta)^m\,d\theta = \frac{1}{2^m}\int_{C(1)} \sum_{p=0}^{m} {}_m\mathrm{C}_p\, z^{m-2p}\frac{1}{\boldsymbol{i}z}\,dz \\ &= \frac{1}{2^m}\frac{1}{\boldsymbol{i}}\sum_{p=0}^{m} {}_m\mathrm{C}_p \int_{C(1)} z^{m-2p-1}\,dz \end{aligned}$$

ここで $q \in \mathbb{Z}$ なら

$$\int_{C(1)} \frac{1}{z^q}\,dz = \begin{cases} 2\pi\boldsymbol{i} & (q=1) \\ 0 & (q \neq 1) \end{cases}$$

であるから，(i) m が奇数なら $J_m = 0$ となり，(ii) m が偶数なら積分では $p = m/2$ 以外の項はゼロなので $J_m = \pi/2^{m-1}\,{}_m\mathrm{C}_{m/2}$ である．

(2) は変数変換で (1) に一致することがわかるが，直接 $\sin\theta = (e^{\theta\boldsymbol{i}} + e^{-\theta\boldsymbol{i}})/(2\boldsymbol{i})$ を用いて同様に議論すれば良い．

命題 3.13　曲線 $C\colon \zeta = \zeta(t) \in D$ $(a \leqq t \leqq b)$ は C^1 級の曲線であるとする．関数 f が D で正則であるとし，D 上の正則関数 F が $F'(z) = f(z)$ $(z \in D)$ を満たすと仮定する．このとき，次が成立する．

$$\int_C f(z)\,dz = F(\zeta(b)) - F(\zeta(a))$$

証明　合成関数の微分公式より

$$\frac{d}{dt}F(\zeta(t)) = F'(\zeta(t))\zeta'(t) = f(\zeta(t))\zeta'(t)$$

となる．辺々を $a \leqq t \leqq b$ で積分して結論を得る（微分積分学の基本定理を用いた）．■

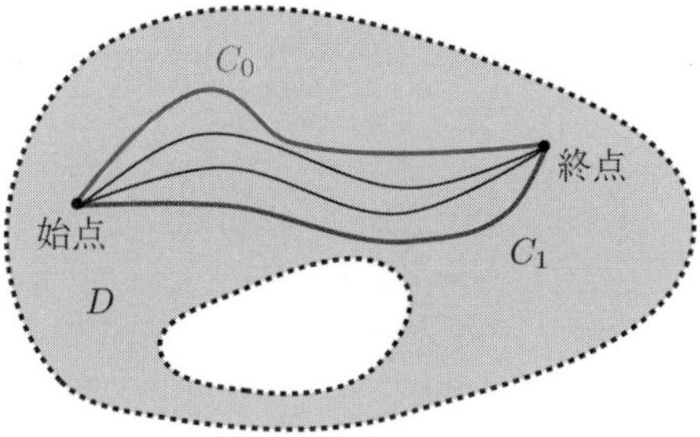

図 3.4　f が原始関数をもつ場合は線積分の値は始点と終点のみで決まる．すなわち $C = C_0$, $C = C_1$ に対し同じ値をとる．

曲線 C の仮定の条件を弱めて区分的 C^1 級としても同じ結論が成立する．証明は t に関して C^1 級の小区間に分けて場所ごとに考えて合算すれば良い．

例題 3.2

曲線 $C\colon \zeta = \zeta(t) \in \mathbb{C}$ $(a \leqq t \leqq b)$ は C^1 級の閉曲線であると仮定する．このとき任意の多項式関数

$$f(z) = a_m z^m + a_{m-1} z^{m-1} + \cdots + a_1 z + a_0$$

（ただし $a_0, a_1, \ldots, a_m \in \mathbb{C}$ である）に対して $\int_C f(z)\,dz = 0$ となることを示せ．

【解　答】

$$F(z) = a_m \frac{z^{m+1}}{m+1} + a_{m-1} \frac{z^m}{m} + \cdots + a_1 \frac{z^2}{2} + a_0 z$$

とおくと F は $\mathbb{C}$ で正則で $F'(z) = f(z)$ となるから命題 3.13 を適用すれば良い.

問 **3.12**　曲線 C: $\zeta(t) = 1 + t\boldsymbol{i}$ $(-1 \leqq t \leqq 1)$ としたとき，線積分 $\int_C (1/z)\,dz$ を求めよ.

問 **3.13**　有向曲線 C: $\zeta = e^{\theta \boldsymbol{i}}$ $(-\pi/2 \leqq \theta \leqq \pi/2)$ に対して線積分 $\int_C (z^2 + z + 2)\,dz$ および $\int_C \log z\,dz$ を求めよ.

命題 3.14（**線積分の置換積分**）領域 $D \subset \mathbb{C}$ における 2 つの区分的 C^1 級の有向曲線 $C, \widetilde{C}$ があると仮定する．それぞれの近傍 $U, \widetilde{U}$ があり，$\widetilde{U}$ 上の正則関数 $z = \eta(\zeta)$ があり，写像 η: $\widetilde{U} \longrightarrow U$ は全単射で曲線の向きを保ち $\eta(\widetilde{C}) = C$, $\eta'(\zeta) \neq 0$ $(\zeta \in \widetilde{U})$ であるとする．このとき D 上の連続関数 f に対して

$$\int_C f(z)\,dz = \int_{\widetilde{C}} f(\eta(\zeta)) \frac{d\eta}{d\zeta}\,d\zeta$$

が成立する[†].

証明　$\widetilde{C}$: $\zeta = \zeta(t)$ $(\widetilde{a} \leqq t \leqq \widetilde{b})$ とすると $\rho(t) = \eta(\zeta(t))$ $(\widetilde{a} \leqq t \leqq \widetilde{b})$ は曲線 C をパラメータ表示している $(a = \eta(\widetilde{a}),\ b = \eta(\widetilde{b}))$.

$$\frac{d\rho(t)}{dt} = \frac{d}{dt}\eta(\zeta(t)) = \frac{d\eta}{d\zeta}(\zeta(t))\,\zeta'(t)$$

通常の微分積分の置換積分の公式より

$$\begin{aligned}\int_C f(z)\,dz &= \int_{\widetilde{a}}^{\widetilde{b}} f(\rho(t))\,\rho'(t)\,dt = \int_{\widetilde{a}}^{\widetilde{b}} f(\eta(\zeta(t)))\,\frac{d\eta}{d\zeta}(\zeta(t))\zeta'(t)\,dt \\ &= \int_{\widetilde{C}} f(\eta(\zeta))\,\frac{d\eta}{d\zeta}\,d\zeta\end{aligned}$$

を得る. ■

[†] 線要素の変換 $dz = \eta'(\zeta)\,d\zeta$ が本質であることを覚えておこう.

弧長積分 前項で複素線積分を定めたが，類似する**弧長積分** $\int_C g(z)\,|dz|$ を定める．ここで g は D 上の関数としている．

区間 $[a,b]$ の分割 $\varDelta$: $a=\tau_0 \leqq \tau_1 \leqq \cdots \leqq \tau_{p-1} \leqq \tau_p = b$ および各小区間の代表点 $\xi_i \in [\tau_{i-1}, \tau_i]$ $(1 \leqq i \leqq p)$ を選択し

$$\widehat{S}(g, \varDelta, \{\xi_i\}_{1\leqq i\leqq p}) = \sum_{i=1}^{p} g(\zeta(\xi_i))\,|\zeta(\tau_i) - \zeta(\tau_{i-1})|$$

と定める．$\|\varDelta\| \to 0$ に対して，その過程における代表点のとり方によらず一定値 $\widehat{S}$ があり

$$\widehat{S}(g, \varDelta, \{\xi_i\}_{1\leqq i\leqq p}) \to \widehat{S}$$

となるとき $\widehat{S} = \int_C g(z)\,|dz|$ と定める．

命題 3.15（**区分的 C^1 級曲線の場合**） 曲線 C が区分的 C^1 級であり g が D で連続であるならば，次の公式が成立する．

$$\int_C g(z)\,|dz| = \int_a^b g(\zeta(t)) \left| \frac{d\zeta}{dt} \right| dt$$

複素線積分と弧長積分には以下のような関係がある．

命題 3.16 曲線 C が区分的 C^1 級であり，f は D 上で連続であるとする．このとき次が成立する．

$$\left| \int_C f(z)\,dz \right| \leqq \int_C |f(z)|\,|dz|$$

証明 複素線積分と弧長積分のリーマン和を比較する．

$$\begin{aligned}
|S(f, \varDelta, \{\xi_i\}_{1\leqq i\leqq p})| &= \left| \sum_{i=1}^{p} f(\zeta(\xi_i))(\zeta(\tau_i) - \zeta(\tau_{i-1})) \right| \\
&\leqq \sum_{i=1}^{p} |f(\zeta(\xi_i))|\,|\zeta(\tau_i) - \zeta(\tau_{i-1})| \\
&= \widehat{S}(|f|, \varDelta, \{\xi_i\}_{1\leqq i\leqq p})
\end{aligned}$$

以下 $\|\varDelta\| \to 0$ として結論の不等式を得る．■

命題 3.17（収束定理） 領域 $D \subset \mathbb{C}$ において区分的に C^1 級の曲線 $C\colon \zeta = \zeta(t)$ $(a \leqq t \leqq b)$ があるとする．D 上の連続関数の列 $\{f_n\}_{n=1}^{\infty}$ があり $n \to \infty$ のとき関数 f に一様収束するとする．このとき次が成立する．

$$\lim_{n\to\infty} \int_C f_n(z)\,dz = \int_C f(z)\,dz$$

証明 上で得られた不等式を活用する．命題 3.16 により

$$\left|\int_C f_n(z)\,dz - \int_C f(z)\,dz\right| = \left|\int_C (f_n(z) - f(z))\,dz\right|$$
$$\leqq \int_C |f_n(z) - f(z)|\,|dz| \leqq \sup_{z\in C} |f_n(z) - f(z)|\,\ell(C) \to 0 \quad (n \to \infty)$$

であるから主張が成立する．■

命題 3.18 ベキ級数 $\sum_{n=0}^{\infty} a_n z^n$ の収束半径 r は正であると仮定する．C^1 級の閉曲線 $C\colon \zeta = \zeta(t)$ $(a \leqq t \leqq b)$ が $|z| < r$（収束円）に含まれていると仮定する．このとき $|z| < r$ で関数 $f(z) = \sum_{n=0}^{\infty} a_n z^n$ は次を満たす．

$$\int_C f(z)\,dz = 0$$

f が多項式の場合は例題 3.2 より既知である．上の f は C 上で多項式関数の一様収束極限なので命題 3.17 を適用すれば良い．これは収束ベキ級数で定まる正則関数に対するコーシーの積分定理に相当する．一般の正則関数に対するものが次章で示される．

3.5　曲線の変形と閉曲線の変形

領域 $D \subset \mathbb{C}$ を考える．D において端点を固定して曲線を連続的に変形することを考える．またさらに閉曲線の場合に D の中において連続的に変形して 1 点に縮めることの定式化を考える．複素関数論では曲線は積分路という形で現れることが多く，これを領域内において連続変形して積分値を議論することが必要となる．本節はその準備にあてられる．以下簡単のため曲線を表現するパラメータの範囲は $0 \leqq t \leqq 1$ とする．

定義（**端点を固定するホモトピー**）領域 D 内に 2 つの曲線 $C_j\colon \zeta_j = \zeta_j(t)$ $(0 \leqq t \leqq 1)$ $(j = 0, 1)$ があり（共通の始点）A と（共通の終点）B があり，次の条件を満たすとする．

（条件）　2 変数の連続写像 $\phi = \phi(t, s)\colon [0, 1] \times [0, 1] \longrightarrow D$ が存在して

$$\begin{cases} \phi(t, 0) = \zeta_0(t), & \phi(t, 1) = \zeta_1(t) \quad (0 \leqq t \leqq 1) \\ \phi(0, s) = \mathrm{A}, & \phi(1, s) = \mathrm{B} \qquad (0 \leqq s \leqq 1) \end{cases}$$

となる．

このとき C_0 と C_1 は**端点を固定してホモトープ**であるという．図 **3.4** の C_0, C_1 がそのイメージである．

定義（**閉曲線のホモトピー**）領域 D 内に 2 つの閉曲線 $C_j\colon \zeta_j = \zeta_j(t)$ $(0 \leqq t \leqq 1)$ $(j = 0, 1)$ があり，次の条件を満たすとする．

（条件）　2 変数の連続写像 $\phi = \phi(t, s)\colon [0, 1] \times [0, 1] \longrightarrow D$ が存在して

$$\begin{cases} \phi(t, 0) = \zeta_0(t), \quad \phi(t, 1) = \zeta_1(t) \quad (0 \leqq t \leqq 1) \\ \phi(0, s) = \phi(1, s) \quad (0 \leqq s \leqq 1) \end{cases}$$

となる．

このとき D において C_0 と C_1 は**閉曲線としてホモトープ**であるという．特に D において 1 点からなる閉曲線とホモトープな閉曲線を **1 点に可縮な閉曲線**という．

これら C_0, C_1 の関係性を**ホモトープ**あるいは**ホモトピー同値**という．またこの概念は C_0, C_1 および領域 D の 3 つが関わる条件であることに注意しよう（図 **3.5**，図 **3.6**）．

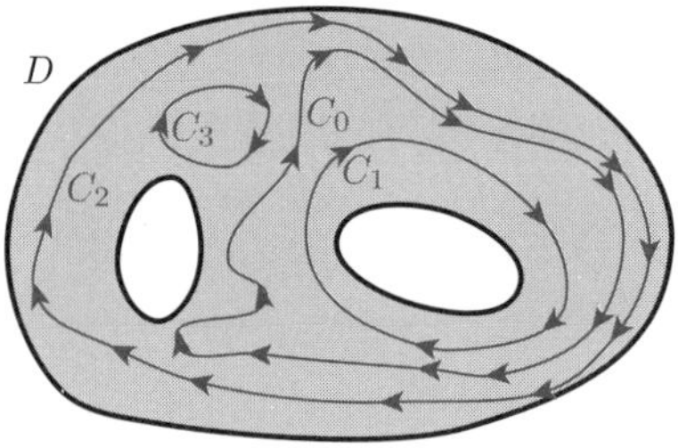

図 **3.5**　D 内の 4 つの閉曲線のうち C_0 と C_1 はホモトープ，C_2 や C_3 は他の 3 つとホモトープでない．C_3 は 1 点に可縮である．

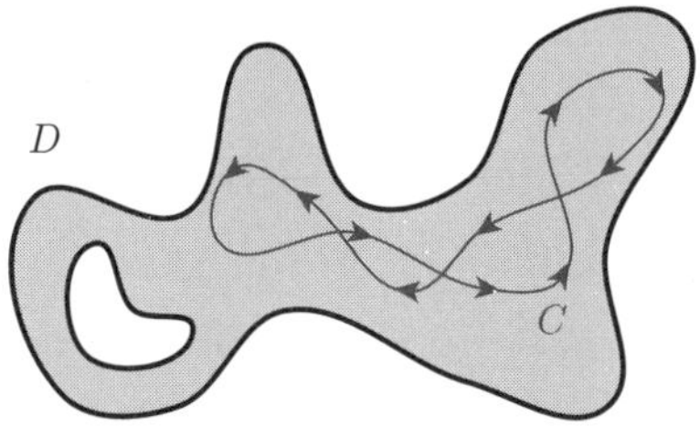

図 **3.6**　D 内で 1 点に可縮な閉曲線 C の例

定義　集合 D が**弧状連結**であるとは，任意の 2 点 $w, z \in D$ に対して w を始点，z を終点とするような曲線 C であり $C \subset D$ となるようなものがとれることである．

例　領域 D は**凸**であると仮定する[†]．2 つの曲線 C_j: $\zeta_j = \zeta_j(t)$ $(a \leqq t \leqq b)$ $(j = 0, 1)$ は，D に含まれ，始点，終点を共有しているとする．このとき 2 曲線は D でホモトープとなる．実際

$$\phi(t, s) = (1 - s)\zeta_0(t) + s\zeta_1(t) \qquad (a \leqq t \leqq b,\ 0 \leqq s \leqq 1)$$

とすると D の凸性によりつねに $\phi(t, s) \in D$ となり，ホモトープの条件を満たすからである．同様に，この D に含まれる任意の閉曲線は D において 1 点に可縮となる．

[†] D の任意の 2 点に対し，それらを端点とする線分が D に含まれること．集合が凸なら弧状連結となる．

一方，少し複雑な領域，例えば円環領域 $D = \{z \in \mathbb{C} \mid 1 < |z| < 2\}$ を例にとると凸領域とは事情は異なる．実際，異なる 2 点をとればそれを結ぶ曲線はホモトピーの意味で無限に多くの種類の（周回数が異なる）曲線がある．

定義　弧状連結な集合 D において，その中の任意の閉曲線が 1 点に可縮であるとき D は**単連結**であるという．

問 3.14　領域 D 内の曲線 $C\colon \zeta = \zeta(t) \in \mathbb{C}$ $(a \leqq t \leqq b)$ に対して，C^{-1} との連結 $C^{-1} \circ C$ および $C \circ C^{-1}$ は D において 1 点に可縮な閉曲線であることを示せ．

例　領域 D は凸であると仮定する．2 つの曲線 $C_j\colon \zeta_j = \zeta_j(t)$ $(a \leqq t \leqq b)$ $(j = 0, 1)$ は，D に含まれ，C_0 の始点は C_1 の終点，C_1 の始点は C_0 の終点であると仮定する．このとき $C_0 \circ C_1$ は D で 1 点に可縮となる．$C_0 \circ C_1$ を

$$\tilde{\zeta}(t) = \begin{cases} \zeta_0(t) & (a \leqq t \leqq b) \\ \zeta_1(t - b + a) & (b \leqq t \leqq 2b - a) \end{cases}$$

として表現する．C_0, C_1 の条件より，これは始点と終点が一致しているので閉曲線となる．前の例によりこれは 1 点に可縮となる．

定理 3.19　$D \subset \mathbb{C}$ とする．D は弧状連結であるならば連結である．また，D が連結である開集合（すなわち領域）であると仮定すると D は弧状連結となる．証明は位相空間の文献を参照せよ（神保・本多[3]，数学辞典 [17]）．

演習問題

3.1 次を示せ.

(1) $\dfrac{d}{dz}\tan z = \dfrac{1}{\cos^2 z} \quad (\cos z \neq 0)$

(2) $\dfrac{d}{dz}z^p = pz^{p-1} \quad (\mathrm{Re}(z) > 0,\ p > 0)$

3.2 曲線 C: $\zeta(t) = 1 + (2t-1)\boldsymbol{i}$ $(0 \leqq t \leqq 1)$ に対し $\int_C z^2\,dz$, $\int_C |z|^2\,dz$ を計算せよ.

3.3 関数 $f(z) = (1 + (1/z))^z$ は領域 $D = \{z \in \mathbb{C} \mid |z| > 1\}$ において正則関数となることを説明し，次の等式を示せ.

$$\lim_{z\in\mathbb{C},|z|\to\infty} f(z) = e$$

3.4 領域 $D \subset \mathbb{C}$ 上の正則関数があるとする．集合 D は凸集合であり，ある $M > 0$ に対して $|f'(z)| \leqq M$ $(z \in D)$ を満たすと仮定する．このとき，次の不等式を示せ.

$$|f(w) - f(z)| \leqq M|w - z| \quad (w, z \in D)$$

3.5 閉曲線 C: $\zeta = 2e^{t\boldsymbol{i}}$ $(0 \leqq t \leqq 2\pi)$ に対して $\int_C 1/(z-1)^2\,dz = 0$ を示せ.
ヒント：原始関数の利用を考える.

3.6 ベキ級数 $\sum_{n=0}^{\infty} a_n z^n$ は収束半径 $r > 0$ をもつと仮定する．いま

$$\alpha_n = n^p + c_1 n^{p-1} + c_2 n^{p-2} + \cdots + c_{p-1}n + c_p$$

とする．ただし $p \in \mathbb{N}$, $c_1, c_2, \ldots, c_p \in \mathbb{C}$ である．このときベキ級数

$$\sum_{n=0}^{\infty} \alpha_n a_n z^n$$

の収束半径は r になることを示せ.

3.7 D を領域とし，f, g は D 上正則であるとする．D 内の C^1 級曲線 C: $\zeta = \zeta(t)$ $(a \leqq t \leqq b)$ に対し，次の部分積分の公式を示せ.

$$\int_C f'(z)g(z)\,dz = f(\zeta(b))g(\zeta(b)) - f(\zeta(a))g(\zeta(a)) - \int_C f(z)g'(z)\,dz$$

3.8 $\mathbb{C}$ における C^1 級の閉曲線 C があるとする．また C は点 a を通過しないと仮定する．このときもし m が 2 以上の自然数ならば

$$\int_C \frac{1}{(z-a)^m}\,dz = 0$$

となることを示せ.

3.9 (1) ある定数 $\gamma > 1$ があって $|\log(1+\zeta)| \leqq \gamma|\zeta|$ $(|\zeta| < 1/2)$ となることを示せ.

ヒント：命題 3.3 を利用.

(2) 複素数列 $\{\alpha_m\}_{m=1}^{\infty}$ が条件 $\sum_{n=1}^{\infty}|\alpha_n| < \infty$ を満たすとする．このとき，数列 $A_m = (1+\alpha_1)(1+\alpha_2)\cdots(1+\alpha_m)$ を定めるとき $m \to \infty$ に対し A_m はある有限値 γ に収束することを示せ.

3.10 2つのベキ級数 $\sum_{n=0}^{\infty} a_n z^n$, $\sum_{n=0}^{\infty} b_n z^n$ の収束半径はそれぞれ $r_1 > 0$, $r_2 > 0$ であると仮定する．このとき $c_m = \sum_{k=0}^{m} a_{m-k} b_k$ $(m \geqq 0)$ とおくとき $\sum_{n=0}^{\infty} c_n z^n$ の収束半径は $r = \min(r_1, r_2)$ 以上であり

$$\sum_{n=0}^{\infty} c_n z^n = \left(\sum_{n=0}^{\infty} a_n z^n\right)\left(\sum_{n=0}^{\infty} b_n z^n\right) \quad (|z| < r)$$

となることを示せ.

3.11 $m \in \mathbb{N}$ とする．関数 $f(z) = 1/(1-z)^m$ を，以下のように $|z| < 1$ でベキ級数表現する.

$$f(z) = c_0 + c_1 z + c_2 z^2 + \cdots + c_n z^n + \cdots \quad (|z| < 1)$$

このとき c_n $(n \in \mathbb{N})$ を求めよ.

3.12 指数関数のベキ級数展開 $e^z = 1 + \sum_{m=1}^{\infty}(z^m/m!)$ を用いて，指数法則 $e^{z+w} = e^z e^w$ $(z, w \in \mathbb{C})$ を示せ.

3.13 関数 $f(z) = |z|^2$ は $\mathbb{C}$ で複素微分可能ではないことを示せ.

3.14 領域 D に対して $D^* = \{\overline{z} \in \mathbb{C} \mid z \in D\}$ とおく．このとき D 上の正則関数 $f(z)$ に対して，$F(z) = \overline{f(\overline{z})}$ は D^* で正則関数となることを示せ.

3.15 $\mathbb{C}$ 上の正則関数 $u(z)$ が $u'(z) = u(z)$ $(z \in \mathbb{C})$, $u(0) = 1$ を満たすならば $u(z) = e^z$ となることを示せ.

ヒント：$e^{-z}u(z)$ を微分してみる.

3.16 関数列 $\{f_m(z)\}_{m=1}^{\infty}$ を

$$f_m(z) = (1-z^2)\left(1 - \frac{z^2}{2^2}\right)\cdots\left(1 - \frac{z^2}{m^2}\right) \quad (m \in \mathbb{N})$$

で定める．任意の $R > 0$ に対して $m \to \infty$ のとき $f_m(z)$ はある関数 $f(z)$ に $|z| \leqq R$ で一様収束することを示せ.

ヒント：f_m の対数をとって級数で考える.

第4章

正則関数とコーシーの積分定理

この章では複素関数論の中心であるコーシーの積分定理，コーシーの積分公式の解説をする†．またそこから従う重要な結果をいくつか述べる．さらにそれらを適用して計算できるいくつかの典型的な課題を解いてみる．

4.1 コーシーの積分定理

本節では複素関数論の主役である定理を扱う．これは領域の幾何的な性質と解析的な性質が関連する大域的関係性を表す結果である．

定理 4.1（コーシーの積分定理） D を領域とし複素関数 f は D で正則であるとする．いま C を D に含まれる，長さ有限の単一閉曲線で D において1点に可縮であると仮定する．このとき，積分公式 $\int_C f(z)\,dz = 0$ が成立する．

証明の概略 まずここでは T が三角形であり C は T の境界となっている場合 ($\partial T = C$) を扱いポイントを説明する．曲線 C には図 **4.1** のように反時計回りの向きが入っていると仮定する（これによって一般性を失っていない）．三角形 T（閉集合）において各辺を2等分して分点を作り分点を結んで三角形（閉集合）を4つ作り $T(1,j)$ $(j=1,2,3,4)$ とおく（図参照）．それぞれは T と相似でサイズは $1/2$ となる．それぞれの三角形の境界に反時計回りの向きを指定した有向曲線を $C(1,j)$ と記述すると C 上の線積分は次の通り4つに分解できる．

† Augustin Louis Cauchy：数学者，1789–1857.

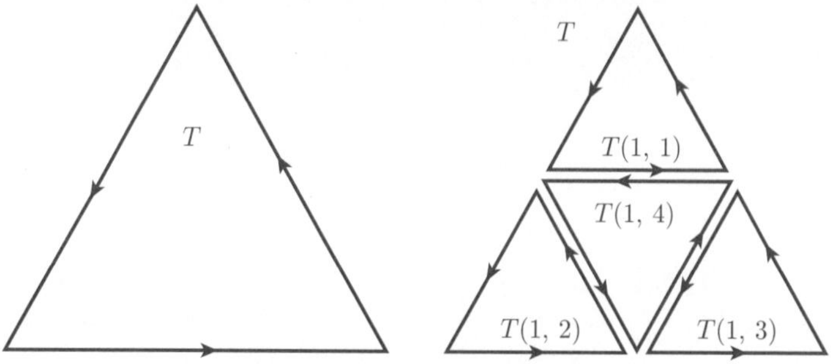

図 **4.1**　三角形領域と 4 分割

$$\int_C f(z)\,dz = \sum_{j=1}^{4} \int_{C(1,j)} f(z)\,dz$$

この等式の右辺で，T 内部に属するパスに対する線積分は 2 つずつペアになって打ち消し合うことに注意する．以下三角不等式から

$$J := \left| \int_C f(z)\,dz \right| \leqq \sum_{j=1}^{4} \left| \int_{C(1,j)} f(z)\,dz \right|$$

となる．右辺の 4 項のうち最大になるものの番号を j_1 として，$|\int_{C(1,j_1)} f(z)\,dz|$ は $J/4$ 以上である．ここで記号を改めて $T_*(1) = T(1,j_1)$, $C_*(1) = C(1,j_1)$ とおいて

$$\frac{J}{4} \leqq \left| \int_{C_*(1)} f(z)\,dz \right|$$

となる．次の段階へ進む．$T_*(1)$ について同じ議論をする（図 **4.2**）．$T_*(1)$ の各辺を 2 等分して分点を結んで三角形（閉集合）を 4 つ作り $T(2,j)$ $(j = 1,2,3,4)$ とおく．それぞれの三角形の境界に反時計回りの向きを指定して有向曲線として $C(2,j)$ と記述する．上の議論と同様に

$$\int_{C_*(1)} f(z)\,dz = \sum_{j=1}^{4} \int_{C(2,j)} f(z)\,dz$$

$$\left| \int_{C_*(1)} f(z)\,dz \right| \leqq \sum_{j=1}^{4} \left| \int_{C(2,j)} f(z)\,dz \right|$$

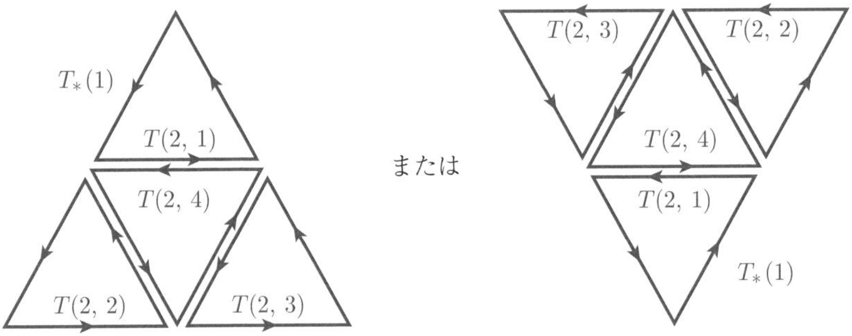

図 **4.2**　三角形と連続 4 分割

を得る．後者により $j_2 \in \{1,2,3,4\}$ があって

$$\frac{1}{4}\left|\int_{C_*(1)} f(z)\,dz\right| \leqq \left|\int_{C(2,j_2)} f(z)\,dz\right|$$

となり記号を $T_*(2)=T(2,j_2)$, $C_*(2)=C(2,j_2)$ とおき直して

$$\left(\frac{J}{4}\right)\left(\frac{1}{4}\right) \leqq \frac{1}{4}\left|\int_{C_*(1)} f(z)\,dz\right| \leqq \left|\int_{C_*(2)} f(z)\,dz\right|$$

となる．この議論を帰納的に繰り返し三角形（空でない有界閉集合で互いに相似）の単調減少列 $\{T_*(n)\}_{n=1}^{\infty}$ があって次の不等式が成立する．ただし $\partial T_*(n) = C_*(n)$（反時計回りの有向閉曲線）としている．

$$\frac{J}{4^n} \leqq \left|\int_{C_*(n)} f(z)\,dz\right|$$

$T_*(n)$ は T と相似で，そのサイズは T の $1/2^n$ 倍である．

$$\emptyset \neq T_*(n+1) \subset T_*(n) \qquad (n \geqq 1)$$

であるから $\bigcap_{n=1}^{\infty} T_*(n)$ は空集合にはならず，ちょうど 1 点 z_* からなり，また $z_* \in T$ となる．ここでは空でない有界閉集合の単調減少列の交わりは空集合とならないという定理が適用されている（補足の命題 A.7 を参照．また，神保・本多[3]，松坂[16] も参照）．

さて f は z_* で複素微分可能であるので，ある $\delta > 0$ と $B(z_*, \delta)$ における関数 $h(z; z_*)$ があって

$$f(z) = f(z_*) + f'(z_*)(z - z_*) + h(z; z_*)(z - z_*), \quad \lim_{z \to z_*} h(z; z_*) = 0$$

と表される．n を大きくとって $T_*(n) \subset B(z_*, \delta)$ としておく．多項式関数の区分的 C^1 級閉曲線上での線積分はゼロとなることを用いて以下の計算をする．

$$\begin{aligned}
&\int_{C_*(n)} f(z)\,dz \\
&= \int_{C_*(n)} (f(z_*) + f'(z_*)(z - z_*))\,dz + \int_{C_*(n)} h(z; z_*)(z - z_*)\,dz \\
&= \int_{C_*(n)} h(z; z_*)(z - z_*)\,dz
\end{aligned}$$

となる．よって

$$\begin{aligned}
\frac{J}{4^n} &\leqq \left| \int_{C_*(n)} f(z)\,dz \right| = \left| \int_{C_*(n)} h(z; z_*)\,(z - z_*)\,dz \right| \\
&\leqq \int_{C_*(n)} |h(z; z_*)|\,|z - z_*|\,|dz| \leqq \ell(C_*(n)) \left(\sup_{z \in T_*(n)} |h(z; z_*)|\,|z - z_*| \right) \\
&\leqq \frac{\ell(C)}{2^n} \left(\sup_{z \in T_*(n)} |h(z; z_*)| \right) \mathrm{Diam}(T_*(n)) \\
&= \frac{\ell(C)}{2^n} \left(\sup_{z \in T_*(n)} |h(z; z_*)| \right) \frac{\mathrm{Diam}(T)}{2^n}
\end{aligned}$$

両辺に 4^n を乗じて $h(z; z_*)$ の性質により

$$0 \leqq J \leqq \ell(C)\,\mathrm{Diam}(T) \left(\sup_{z \in T_*(n)} |h(z; z_*)| \right) \to 0 \quad (n \to \infty)$$

を得る†．J は n には依存しない定数であるので $J = 0$ が従う．これは $\int_C f(z)\,dz = 0$ を示している．以上で三角形の場合の証明が示された．

次に C が有限の長さの線分をつなげて得られる折れ線の閉曲線により囲まれる領域（多角形）の場合も示される．なぜなら多角形は有限個の三角形を合わせたものとして考えれば良いからである（図 **4.3**）．

さらにより一般の長さ有限の単一閉曲線の場合も折れ線近似を行い，多角形の場合の結果の一様収束極限として扱うことができる．証明の流れの説明はこれに尽きる．詳細な議論は煩雑なのでここでは省略する．興味ある諸君は小平[14] などを参照のこと．

---

† 集合 A に対してその直径を $\mathrm{Diam}(A) = \sup_{z, w \in A} |z - w|$ とした．

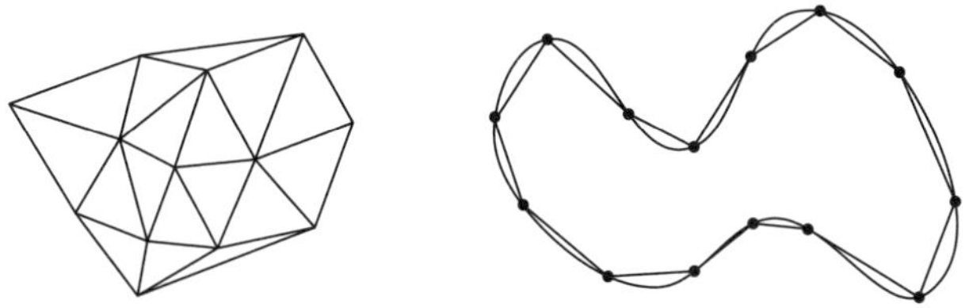

(a)　多角形と三角形分割　　(b)　単連結領域と多角形近似

図 **4.3**　多角形集合と三角形分割　■

以上の証明法はグルサ[†]によるとされている．

この定理の状況において C の条件はかなり緩い．C を滑らかにちょっと変形しても条件（1 点に可縮，長さ有限の制約）は成り立つからである．

f が D において複素微分の意味での原始関数 F（すなわち $dF/dz = f$）をもつならばこの定理の結論は成立する．この原始関数の存在を軸として議論するアプローチもある（シュタイン・シャカルチ[10]）．

積分路の変形　コーシーの積分定理において積分路 C のとり方には自由度があり（積分路にホモトープな変形を施しても良い），場合によって都合の良い変形を施して積分計算が可能な形に帰着させることが行われる．その考えを適用しやすいような手法を以下で準備する．

命題 4.2　D を領域とし複素関数 f は D で正則であるとする．いま 2 つの区分的 C^1 級の単一の有向曲線 C_0, C_1 は始点と終点を共有していると仮定する．さらに C_0, C_1 は D において端点を固定してホモトープであるとする．このとき，積分公式 $\int_{C_0} f(z)\,dz = \int_{C_1} f(z)\,dz$ が成立する．

証明のアイデア　$C_1 \circ C_0^{-1}$ が D において 1 点に可縮である閉曲線であることを用いる．■

命題 4.3　D を領域とし複素関数 f は D で正則であるとする．いま 2 つの区分的 C^1 級の単一の有向閉曲線 C_0, C_1 があり D において閉曲線としてホモトープであるとする．このとき，積分公式 $\int_{C_0} f(z)\,dz = \int_{C_1} f(z)\,dz$ が成立する．

---

† Édouard Jean-Baptiste Goursat：数学者，1858–1936.

証明のアイデア　C_0, C_1 は閉曲線としてホモトープであるから連続写像

$$\phi(t,s)\colon [0,1]\times[0,1] \longrightarrow D, \quad \phi(0,s)=\phi(1,s)\ (0\leqq s\leqq 1)$$

が存在して C_0, C_1 が

$$\begin{aligned} C_0&\colon \zeta_0(t)=\phi(t,0)\\ C_1&\colon \zeta_1(t)=\phi(t,1)\end{aligned}$$

と表現されているとする．いま $0\leqq t\leqq 1,\ 0\leqq s\leqq 1$ に対して

$$\widetilde{\phi}(t,s)=\begin{cases}\phi(0,3ts) & (0\leqq t<1/3)\\ \phi(3t-1,s) & (1/3\leqq t<2/3)\\ \phi(1,3(1-t)s) & (2/3\leqq t\leqq 1)\end{cases}$$

とおく．これは連続写像 $\widetilde{\phi}\colon [0,1]\times[0,1]\longrightarrow D$ で始点，終点を固定するホモトープな変形を与える．よって

$$\widetilde{C}_0\colon \widetilde{\zeta}_0(t)=\widetilde{\phi}(t,0)\quad (0\leqq t\leqq 1),\quad \widetilde{C}_1\colon \widetilde{\zeta}_1(t)=\widetilde{\phi}(t,1)\quad (0\leqq t\leqq 1)$$

とすると命題 4.2 より

$$\int_{\widetilde{C}_0} f(z)\,dz=\int_{\widetilde{C}_1} f(z)\,dz$$

である．一方

$$\int_{\widetilde{C}_0} f(z)\,dz=\int_{C_0} f(z)\,dz$$
$$\int_{\widetilde{C}_1} f(z)\,dz=\int_{C_1} f(z)\,dz$$

となる．前者は $\widetilde{C}_0=C_0$ により，後者は $\widetilde{C}_1$ 上の線積分のうち区間 $0\leqq t\leqq 1/3$ および $2/3\leqq t\leqq 1$ の積分値が相殺し C_1 上の積分値に一致するからである．全体をまとめて結論を得る．■

この命題によって正則関数の線積分において積分値を変化させず積分路を連続的に変形してゆくことが可能となる．複素積分の課題ではこれを駆使する．さてコーシーの積分定理の適用例として有名な**フレネル積分**[†] を考えてみよう．

[†] 光学の研究の計算に現れた．

適用例　$f(z)=e^{\boldsymbol{i}z^2}$ は $\mathbb{C}$ で正則な関数である．図 **4.4** のような積分路 $C(R)=C_1(R)\circ C_2(R)\circ C_3(R)$ $(R>0)$ を以下のように定める．向きは反時計回りである．

$$C_1(R)=\{t\in\mathbb{R}\mid 0\leqq t\leqq R\}$$
$$C_2(R)=\{R+r\boldsymbol{i}\in\mathbb{C}\mid 0\leqq r\leqq R\}$$
$$C_3(R)=\{(R-s)+(R-s)\boldsymbol{i}\in\mathbb{C}\mid 0\leqq s\leqq R\}$$

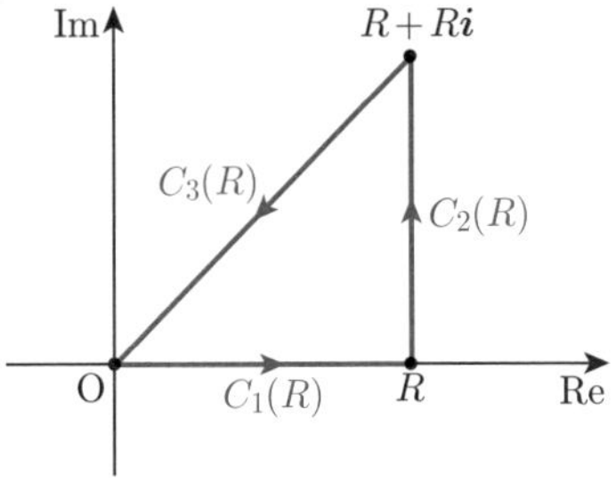

図 **4.4**　積分路 $C(R)$

コーシーの積分定理により

$$(*)\qquad 0=\int_{C(R)}f(z)\,dz$$
$$=\int_{C_1(R)}f(z)\,dz+\int_{C_2(R)}f(z)\,dz+\int_{C_3(R)}f(z)\,dz$$

右辺の各項を調べていく．

$$J_1(R):=\int_{C_1(R)}f(z)\,dz$$
$$=\int_0^R e^{\boldsymbol{i}x^2}\,dx$$
$$J_3(R):=\int_{C_3(R)}f(z)\,dz$$
$$=\int_0^R e^{\boldsymbol{i}(s+\boldsymbol{i}s)^2}(1+\boldsymbol{i})(-1)\,ds$$
$$=-(1+\boldsymbol{i})\int_0^R e^{-2s^2}\,ds$$

$$= -(1+\boldsymbol{i})\int_0^{\sqrt{2}\,R} e^{-\tau^2}\frac{1}{\sqrt{2}}\,d\tau$$

ガウス積分により $R\to\infty$ のとき $J_3(R)\to-(1+\boldsymbol{i})\sqrt{\pi}/(2\sqrt{2}\,)$ となる．一方

$$\begin{aligned} J_2(R) &:= \int_{C_2(R)} f(z)\,dz \\ &= \int_0^R e^{\boldsymbol{i}(R+\boldsymbol{i}r)^2}\,\boldsymbol{i}\,dr \end{aligned}$$

においては

$$\begin{aligned} |J_2(R)| &= \left|\boldsymbol{i}e^{\boldsymbol{i}R^2}\int_0^R e^{-2rR-\boldsymbol{i}r^2}\,dr\right| \\ &\leqq \int_0^R e^{-2rR}\,dr \\ &= \left[\frac{-1}{2R}\,e^{-2rR}\right]_{r=0}^{r=R} \\ &\leqq \frac{1}{2R}\to 0 \quad (R\to\infty) \end{aligned}$$

となる．以上を $(*)$ で合算して $R\to\infty$ として次を得る．

$$\lim_{R\to\infty}\int_0^R e^{\boldsymbol{i}x^2}\,dx-(1+\boldsymbol{i})\frac{\sqrt{\pi}}{2\sqrt{2}}=0$$

上式の実部，虚部を比較して，次のフレネル積分の公式を得る．

$$\lim_{R\to\infty}\int_0^R \cos(x^2)\,dx=\frac{\sqrt{\pi}}{2\sqrt{2}},\quad \lim_{R\to\infty}\int_0^R \sin(x^2)\,dx=\frac{\sqrt{\pi}}{2\sqrt{2}}$$

4.2　コーシーの積分公式

複素関数論の主役である**コーシーの積分公式**を解説する．

定理 4.4　D を領域とし，複素関数 f は D で正則であるとする．いま C を D に含まれる長さ有限の単一有向閉曲線と仮定する．C は D において 1 点に可縮であり反時計回りの向きを与えられているとする．z は C で囲まれた集合の内部の点であるとする．このとき次の公式が成立する．

$$f(z) = \frac{1}{2\pi \boldsymbol{i}} \int_C \frac{f(\zeta)}{\zeta - z}\, d\zeta$$

証明　コーシーの積分定理から得られた命題 4.3 を用いて右辺の積分路を（積分値を一定にしたまま）変形することで証明できる．z を C の内側の任意の点として $F(\zeta) = f(\zeta)/(\zeta - z)$ は $D \setminus \{z\}$ で正則関数となる．さて $\epsilon > 0$ として有向曲線

$$C_0(\epsilon)\colon \zeta = z + \epsilon e^{\theta \boldsymbol{i}} \quad (0 \leqq \theta \leqq 2\pi)$$

を考える．$\epsilon > 0$ が小さいとき $C_0(\epsilon), C$ は有向閉曲線として $D \setminus \{z\}$ においてホモトープである（図 **4.5**）．これにより命題 4.3 により

$$\int_C F(\zeta)\, d\zeta = \int_{C_0(\epsilon)} F(\zeta)\, d\zeta$$

である．そして $\epsilon > 0$ はさらに小さくとることは自由なので右辺において $\epsilon \downarrow 0$ の極限を考える．

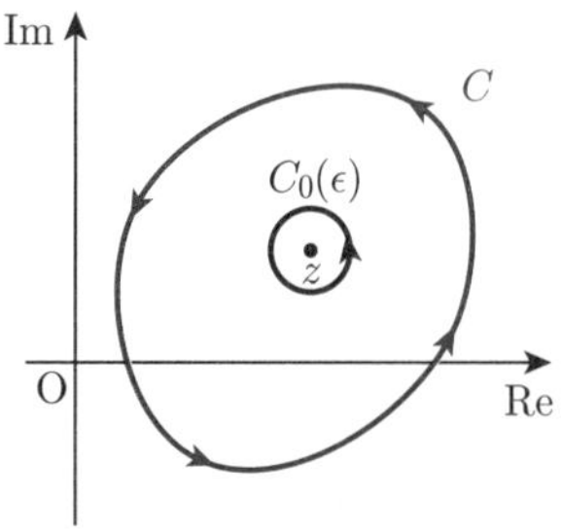

図 **4.5**　1 点に可縮な領域と有向閉曲線

$$\int_{C_0(\epsilon)} F(\zeta)\,d\zeta = \int_0^{2\pi} \frac{f(z)}{\zeta(t)-z}\,\zeta'(t)\,dt + \int_{C_0(\epsilon)} \frac{f(\zeta)-f(z)}{\zeta-z}\,d\zeta$$
$$= \int_0^{2\pi} \frac{f(z)}{\epsilon e^{t\boldsymbol{i}}}\,\epsilon e^{t\boldsymbol{i}}\boldsymbol{i}\,dt + \int_{C_0(\epsilon)} \frac{f(\zeta)-f(z)}{\zeta-z}\,d\zeta$$
$$= 2\pi\boldsymbol{i} f(z) + \int_{C_0(\epsilon)} \frac{f(\zeta)-f(z)}{\zeta-z}\,d\zeta$$

ここで f が D で複素微分可能であることから T を C およびその内部からなる和集合として，$M := \sup_{w\in T} |f'(w)|$ とすると，

$$\left|\frac{f(\zeta)-f(z)}{\zeta-z}\right| \leqq M \quad (\zeta \in C(\epsilon),\ 0<\epsilon<\delta)$$

とできる（問題 3.4 参照）．これにより不等式

$$\left|\int_{C_0(\epsilon)} \frac{f(\zeta)-f(z)}{\zeta-z}\,d\zeta\right| \leqq (2\pi\epsilon)M \to 0 \quad (\epsilon\downarrow 0)$$

により $\lim_{\epsilon\downarrow 0}\int_{C_0(\epsilon)}(f(\zeta)-f(z))/(\zeta-z)\,d\zeta = 0$ として結論を得る．■

例 1　C を原点 0 を反時計回りに 1 周する閉曲線とするとき $J_1 = \int_C (e^z/z)\,dz$ を考えてみる．これはよく見るとコーシーの積分公式の特別な場合 $(f(z)=e^z)$ であるから $J_1 = 2\pi\boldsymbol{i} f(0) = 2\pi\boldsymbol{i}$ となる．

例 2　C を点 0 および 1 の外側を反時計回りに 1 周する閉曲線とするとき

$$J_2 = \int_C \frac{\cos(\pi z)}{z(z-1)}\,dz$$

を考える．まず単純に部分分数分解 $1/(z(z-1)) = (1/(z-1)) - (1/z)$ によって J_2 を式変形すると

$$J_2 = \int_C \frac{\cos(\pi z)}{z-1}\,dz - \int_C \frac{\cos(\pi z)}{z}\,dz$$

となり第 1 項，第 2 項それぞれに対してコーシーの積分公式を適用することで $J_2 = 2\pi\boldsymbol{i}\cos(\pi\times 1) - 2\pi\boldsymbol{i}\cos(\pi\times 0) = -4\pi\boldsymbol{i}$ となる．

積分路を細工する別のやり方も試す．C 上の線積分を図 **4.6** のような 2 つの閉曲線 C_0, C_1 上の線積分の和と見なす．

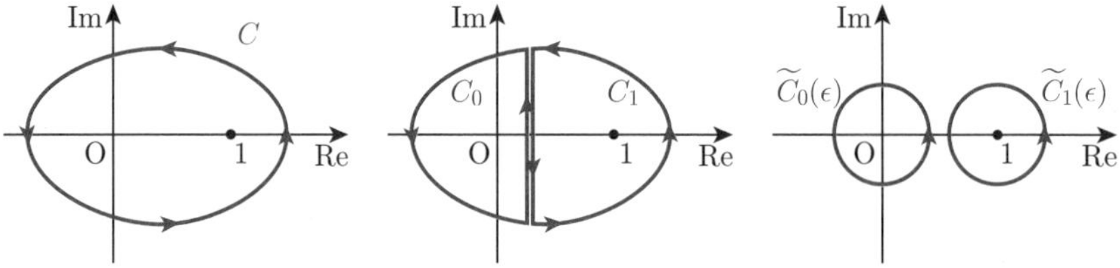

図 **4.6**　積分路の変遷：C から $\widetilde{C}_0(\epsilon)$, $\widetilde{C}_1(\epsilon)$ への置き換え

$$J_2 = \int_{C_0} \frac{\cos(\pi z)}{z(z-1)}\,dz + \int_{C_1} \frac{\cos(\pi z)}{z(z-1)}\,dz$$

C_0, C_1 には反時計回りの向きが入っているので 2 つの曲線が交わる部分は向きが反対となり線積分が打ち消して C 上の線積分に一致することになる．それぞれの線積分 C_0, C_1 上の線積分を命題 4.3 によるホモトピー変形の手法で

$$\widetilde{C}_0(\epsilon)\colon z = \epsilon e^{\theta \boldsymbol{i}}\ (0 \leqq \theta \leqq 2\pi), \quad \widetilde{C}_1(\epsilon)\colon z = 1 + \epsilon e^{\theta \boldsymbol{i}}\ (0 \leqq \theta \leqq 2\pi)$$

上の線積分の和と見なす．ただし $0 < \epsilon < 1/3$ とする．すなわち

$$J_2 = \int_{\widetilde{C}_0(\epsilon)} \left(\frac{\cos(\pi z)}{z-1}\right)\frac{1}{z}\,dz + \int_{\widetilde{C}_1(\epsilon)} \left(\frac{\cos(\pi z)}{z}\right)\frac{1}{z-1}\,dz$$

それぞれコーシーの積分公式を適用できる．$(\cos(\pi z))/(z-1)$ は円板 $|z| < 1/2$ で正則，$(\cos(\pi z))/z$ は円板 $|z-1| < 1/2$ で正則であることを踏まえれば $J_2 = -2\pi \boldsymbol{i} - 2\pi \boldsymbol{i} = -4\pi \boldsymbol{i}$ となる．後者のやり方は留数定理でも使われる手法である（4.5 節参照）．

問 **4.1**　曲線 $C(r) = \{re^{\theta \boldsymbol{i}} \mid 0 \leqq \theta \leqq 2\pi\}$（反時計回り）とする．以下の線積分を求めよ．

(1) $\displaystyle\int_{C(1)} \frac{1}{z(z-2)}\,dz$　　(2) $\displaystyle\int_{C(2)} \frac{e^{-z}}{z-1}\,dz$　　(3) $\displaystyle\int_{C(2)} \frac{1}{z(z-3)(z-4)}\,dz$

4.3　正則関数のベキ級数展開と滑らかさ

正則関数は定義では単に複素微分可能というだけであるが，以下で見るように何回でも複素微分可能となる．すなわち非常に滑らかであることが判明する．

定理 4.5　D を領域とし，複素関数 f は D で正則であるとする．このとき f は D の各点においてベキ級数展開可能である．実際，任意の $z_0 \in D$ に対して，$r > 0$ が $B(z_0, r) \subset D$ を満たすならば $\{a_m\}_{m \geqq 0} \subset \mathbb{C}$ が存在し，f は次の収束ベキ級数の形で表現できる．

$$f(z) = \sum_{m=0}^{\infty} a_m (z - z_0)^m \quad (z \in B(z_0, r))$$

係数 a_m は次のように書ける．

$$a_m = \frac{1}{2\pi \boldsymbol{i}} \int_{C(s)} \frac{f(\zeta)}{(\zeta - z_0)^{m+1}} \, d\zeta \quad (m \geqq 0)$$

ここで $C(s) = \partial B(z_0, s)$ であり，$0 < s < r$ を満たすものである．ただし $C(s)$ には反時計回りの向きが与えられている．

証明　$z_0 \in D$ とし $B(z_0, r) \subset D$ とする．いま $0 < \delta < r, r - \delta < s < r$ とする．$z \in B(z_0, r - \delta)$ を固定する．$\zeta \in D$ が $|\zeta - z_0| = s$ とする変数として議論を進める．$0 \leqq |z - z_0|/|\zeta - z_0| \leqq (r - \delta)/s < 1$ であるから，収束ベキ級数展開

$$\begin{aligned} \frac{1}{\zeta - z} &= \frac{1}{(\zeta - z_0) - (z - z_0)} = \frac{1}{\zeta - z_0} \frac{1}{1 - (z - z_0)/(\zeta - z_0)} \\ &= \sum_{m=0}^{\infty} \frac{(z - z_0)^m}{(\zeta - z_0)^{m+1}} \end{aligned}$$

を得る．コーシーの積分公式に上式を適用すれば

$$f(z) = \frac{1}{2\pi \boldsymbol{i}} \int_{C(s)} \sum_{m=0}^{\infty} \left(\frac{(z - z_0)^m}{(\zeta - z_0)^{m+1}} \right) f(\zeta) \, d\zeta$$

ここで $C(s)$ は $\partial B(z_0, s) = \{\zeta \in \mathbb{C} \mid |\zeta - z_0| = s\}$ に反時計回りの向きを与えたものである．ベキ級数が $C(s)$ 上一様収束であることを考慮して

$$f(z) = \sum_{m=0}^{\infty} \left(\frac{1}{2\pi \boldsymbol{i}} \int_{C(s)} \frac{f(\zeta)}{(\zeta - z_0)^{m+1}} \, d\zeta \right) (z - z_0)^m$$

となる．よって

$$a_m = \frac{1}{2\pi \boldsymbol{i}} \int_{C(s)} \frac{f(\zeta)}{(\zeta - z_0)^{m+1}} \, d\zeta$$

とおけば良い．また $|a_m| \leqq \left(\max_{\zeta \in C(s)} |f(\zeta)| \right) \Big/ s^m \ (m \geqq 0)$ である．■

上記の定理の中でベキ級数の収束半径は z_0 から境界 ∂D までの距離以上であることも上の議論から従う．

高階の複素微分　f が正則関数ならば定義域の各点においてその近傍においてベキ級数展開できる．そして df/dz も同じ収束半径をもつようなベキ級数で表現できる．すなわち df/dz が正則となり $(d/dz)(df/dz)$ が存在する．これは d^2f/dz^2 と記述される．帰納的にこの議論は何度でも適用可能である．そして m を自然数として m 階の複素微分あるいは複素導関数 $d^m f/dz^m$ が定まる．1 回の複素微分可能性が任意の回数の複素微分可能性につながるところが複素関数論の顕著なところである．

定理 4.6　D を領域とし，複素関数 f は D で正則であるとする．このとき f は D で何度でも複素微分可能である．いま C を D に含まれる長さ有限の単一閉曲線とし C は D において 1 点に可縮であるとする．z は C で囲まれた領域の内側の点であるとする．このとき次の公式が成立する．

$$\frac{d^n f}{dz^n}(z) = \frac{n!}{2\pi \boldsymbol{i}} \int_C \frac{f(\zeta)}{(\zeta - z)^{n+1}} \, d\zeta \quad (n \in \mathbb{N})$$

証明　z から曲線 C までの最短距離は $\delta > 0$ 以上とする．$w \in \mathbb{C}, |w| < \delta$ とすると $z + w$ も C の内側の点となるのでコーシーの積分公式により

$$f(z+w) = \frac{1}{2\pi \boldsymbol{i}} \int_C \frac{f(\zeta)}{\zeta - (z+w)} \, d\zeta$$

$$\begin{aligned} f(z+w) - f(z) &= \frac{1}{2\pi \boldsymbol{i}} \int_C \left(\frac{f(\zeta)}{\zeta - z - w} - \frac{f(\zeta)}{\zeta - z} \right) d\zeta \\ &= \frac{1}{2\pi \boldsymbol{i}} \int_C f(\zeta) \left(\frac{1}{\zeta - z - w} - \frac{1}{\zeta - z} \right) d\zeta \end{aligned}$$

$$= \frac{1}{2\pi \boldsymbol{i}} \int_C f(\zeta) \frac{w}{(\zeta - z - w)(\zeta - z)} \, d\zeta$$

となり $w \to 0$ のとき

$$\frac{f(z+w) - f(z)}{w} = \frac{1}{2\pi \boldsymbol{i}} \int_C \frac{f(\zeta)}{(\zeta - z - w)(\zeta - z)} \, d\zeta \to \frac{1}{2\pi \boldsymbol{i}} \int_C \frac{f(\zeta)}{(\zeta - z)^2} \, d\zeta$$

を得る．これで $n = 1$ の場合が示された．$\delta > 0$ は任意に小さくとれるので C の内側の任意の点で次がいえる．

$$\frac{df}{dz}(z) = \frac{1}{2\pi \boldsymbol{i}} \int_C \frac{f(\zeta)}{(\zeta - z)^2} \, d\zeta$$

以下数学的帰納法を適用し，同様な議論をする．$n = k$ で成立すれば

$$\frac{d^k f}{dz^k}(z) = \frac{k!}{2\pi \boldsymbol{i}} \int_C \frac{f(\zeta)}{(\zeta - z)^{k+1}} \, d\zeta$$

となり

$$\frac{d^k f}{dz^k}(z+w) - \frac{d^k f}{dz^k}(z) = \frac{k!}{2\pi \boldsymbol{i}} \int_C f(\zeta) \left(\frac{1}{(\zeta - z - w)^{k+1}} - \frac{1}{(\zeta - z)^{k+1}} \right) d\zeta$$

である．

$$\begin{aligned} &\frac{1}{w} \left(\frac{d^k f}{dz^k}(z+w) - \frac{d^k f}{dz^k}(z) \right) \\ &= \frac{k!}{2\pi \boldsymbol{i}} \int_C f(\zeta) \frac{(k+1) + \sum_{\ell=2}^{k+1} {}_{k+1}\mathrm{C}_{\ell} \, (\zeta - z)^{1-\ell} (-w)^{\ell-1}}{(\zeta - z - w)^{k+1} (\zeta - z)} \, d\zeta \\ &\to \frac{(k+1)!}{2\pi \boldsymbol{i}} \int_C \frac{f(\zeta)}{(\zeta - z)^{k+2}} \, d\zeta \quad (w \to 0) \end{aligned}$$

より，

$$\frac{d^{k+1} f}{dz^{k+1}}(z) = \frac{(k+1)!}{2\pi \boldsymbol{i}} \int_C \frac{f(\zeta)}{(\zeta - z)^{k+2}} \, d\zeta$$

これより $n = k + 1$ の場合が従う．帰納法によってすべての $n \in \mathbb{N}$ について公式が成立する．■

計算例 上の公式を適用してみよう．$C(r) = \{ r e^{\theta \boldsymbol{i}} \mid 0 \leqq \theta \leqq 2\pi \}$（反時計回り）とするとき，線積分

$$I = \int_{C(2)} \frac{\sin(\pi z)}{(z+1)^2} \, dz$$

を求めてみよう．$\mathbb{C}$ における正則関数 $f(z) = \sin(\pi z)$ に対して定理 4.6 をあてはめると

$$\frac{I}{2\pi \boldsymbol{i}} = \frac{1}{2\pi \boldsymbol{i}} \int_{C(2)} \frac{f(z)}{(z+1)^2}\,dz = f'(-1) = \frac{d}{dz}\sin(\pi z)\bigg|_{z=-1} = -\pi$$

以上より $I = -2\pi^2 \boldsymbol{i}$ である．

計算例　練習のためもう一回定理 4.6 を用いてみる．

(1)　$I_1 = \displaystyle\int_{C(2)} \frac{1}{(z-1)(z-3)^3}\,dz$　　(2)　$I_2 = \displaystyle\int_{C(1)} \frac{1}{z^3(z^2+2)}\,dz$

それぞれの積分路の内側にある特異点に注目して公式を適用してゆく．

(1)　1 は $C(2)$ の内側に位置し，3 は外側に位置することから

$$I_1 = 2\pi \boldsymbol{i}\left(\frac{1}{(z-3)^3}\right)\bigg|_{z=1} = 2\pi \boldsymbol{i}\left(\frac{1}{(1-3)^3}\right) = -\frac{\pi \boldsymbol{i}}{4}$$

を得る．

(2)　0 は $C(1)$ の内側に位置し，$\pm\sqrt{2}\,\boldsymbol{i}$ は外側に位置することから

$$I_2 = \frac{2\pi \boldsymbol{i}}{2!}\frac{d^2}{dz^2}\left(\frac{1}{z^2+2}\right)\bigg|_{z=0} = \pi \boldsymbol{i}\left(\frac{6z^2-4}{(z^2+2)^3}\right)\bigg|_{z=0} = -\frac{\pi \boldsymbol{i}}{2}$$

を得る．

問 4.2　$C(r) = \{re^{\theta \boldsymbol{i}} \mid 0 \leqq \theta \leqq 2\pi\}$（反時計回り）とする．線積分を求めよ．

(1)　$\displaystyle\int_{C(1)} \frac{e^z}{z^3(z+2)}\,dz$　　(2)　$\displaystyle\int_{C(2)} \frac{\sin(\pi z)}{(z-1)^2}\,dz$

4.4　孤立特異点とローラン展開

複素平面の点 a に対し，ある $\delta > 0$ があり $B(a, \delta) \setminus \{a\}$ において正則な関数 f があるとする．このような状況において a を f の**孤立特異点**という．本節では孤立特異点の近傍での関数の表現を調べる．これは通常のベキ級数展開ではなく，それを一般化した負ベキの項も許すベキ級数展開である．コーシーの積分公式のさらなる活用によってこの**ローラン展開**が得られる．

定理 4.7　D を $\mathbb{C}$ の領域とする．$z_0 \in D$ および $D \setminus \{z_0\}$ で正則関数である f があるとする．このとき，ある $r > 0$ と複素数の列 $\{a_m\}_{m \in \mathbb{Z}}$ が存在して次の収束級数の表現ができる．

$$f(z) = \sum_{m=-\infty}^{\infty} a_m (z - z_0)^m \quad (z \in B(z_0, r) \setminus \{z_0\})$$

ここで a_m は以下で与えられる．

$$a_m = \frac{1}{2\pi \boldsymbol{i}} \int_{C(s)} \frac{f(\zeta)}{(\zeta - z_0)^{m+1}} \, d\zeta \quad (m \in \mathbb{Z})$$

ただし $C(s)$ は z_0 を中心とする半径 s の円周で反時計回りの向きをもち，$\overline{B(z_0, s)} \subset D$ とする．

証明　$r > 0$ を $B(z_0, r) \subset D$ となるようにとる．$0 < r_1 < r_2 < r$ となるような任意の r_1, r_2 を選ぶ．$z \in B(z_0, r_2) \setminus \overline{B(z_0, r_1)}$ として図 **4.7**（左）のような積分路を採用する．

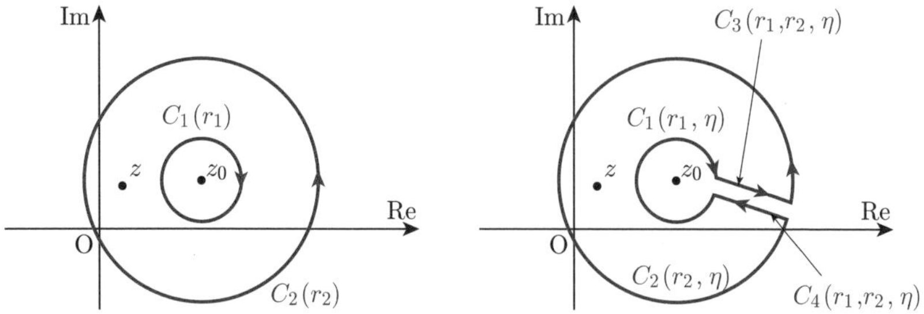

図 **4.7**　積分路

$$C_1(r_1)\colon \zeta_1=\zeta_1(t)=z_0+r_1e^{(\gamma-t)\boldsymbol{i}}\quad(0\leqq t\leqq 2\pi)$$

$$C_2(r_2)\colon \zeta_2=\zeta_2(t)=z_0+r_2e^{(\gamma+t)\boldsymbol{i}}\quad(0\leqq t\leqq 2\pi)$$

ここで，コーシーの積分公式を適用するための積分路 $C(r_1,r_2,\eta)$ を作るため $\gamma\in[0,2\pi)$ を $(z-z_0)/|z-z_0|\neq e^{\gamma\boldsymbol{i}}$ としておく．$\eta\in(0,\pi/2)$ として

$$\begin{aligned}
&C_1(r_1,\eta)\quad\ \ \colon \zeta_1=\zeta_1(t)=z_0+r_1e^{(\gamma-t)\boldsymbol{i}}\quad(\eta\leqq t\leqq 2\pi-\eta)\\
&C_2(r_2,\eta)\quad\ \ \colon \zeta_2=\zeta_2(t)=z_0+r_2e^{(\gamma+t)\boldsymbol{i}}\quad(\eta\leqq t\leqq 2\pi-\eta)\\
&C_3(r_1,r_2,\eta)\colon \zeta_3=\zeta_3(t)=z_0+te^{(\gamma+\eta)\boldsymbol{i}}\quad(r_1\leqq t\leqq r_2)\\
&C_4(r_1,r_2,\eta)\colon \zeta_4=\zeta_4(t)=z_0+(r_1+r_2-t)e^{(\gamma-\eta)\boldsymbol{i}}\quad(r_1\leqq t\leqq r_2)
\end{aligned}$$

とおくと，

$$C(r_1,r_2,\eta)=C_2(r_2,\eta)\circ C_4(r_1,r_2,\eta)\circ C_1(r_1,\eta)\circ C_3(r_1,r_2,\eta)$$

は単一閉曲線となり内側に z を含んでいる．よって，コーシーの積分公式により

$$\begin{aligned}
2\pi\boldsymbol{i}f(z)&=\int_{C(r_1,r_2,\eta)}\frac{f(\zeta)}{\zeta-z}\,d\zeta\\
&=\int_{C_2(r_2,\eta)}\frac{f(\zeta)}{\zeta-z}\,d\zeta+\int_{C_4(r_1,r_2,\eta)}\frac{f(\zeta)}{\zeta-z}\,d\zeta\\
&\quad+\int_{C_1(r_1,\eta)}\frac{f(\zeta)}{\zeta-z}\,d\zeta+\int_{C_3(r_1,r_2,\eta)}\frac{f(\zeta)}{\zeta-z}\,d\zeta
\end{aligned}$$

ここで $\eta\downarrow 0$ として

$$2\pi\boldsymbol{i}f(z)=\int_{C_2(r_2)}\frac{f(\zeta)}{\zeta-z}\,d\zeta+\int_{C_1(r_1)}\frac{f(\zeta)}{\zeta-z}\,d\zeta$$

を得る．線積分の $\eta\downarrow 0$ の極限のうち $C_3(r_1,r_2,+0)$, $C_4(r_1,r_2,+0)$ に対応する部分は互いに打ち消しゼロとなることを用いた．また注意すべきは上の式において $0<r_1<|z-z_0|<r_2<r$ の条件の下で r_1, r_2, z は自由に動かせることである．また γ の選択も線積分に影響を与えていない．右辺を式変形して $z-z_0$ のベキ級数（負ベキもあり）に表す．

(i)　$\zeta \in C_1(r_1)$ のとき $|z - z_0| > |\zeta - z_0|$ に注意して

$$\begin{aligned}\frac{1}{\zeta - z} &= \frac{1}{(\zeta - z_0) - (z - z_0)} \\ &= \frac{(-1)}{z - z_0} \frac{1}{1 - ((\zeta - z_0)/(z - z_0))} \\ &= \frac{(-1)}{z - z_0} \sum_{p=0}^{\infty} \left(\frac{\zeta - z_0}{z - z_0} \right)^p \\ &= -\sum_{p=0}^{\infty} \frac{(\zeta - z_0)^p}{(z - z_0)^{p+1}}\end{aligned}$$

この級数は $\zeta \in C_1(r_1)$ に関して一様に収束している．

(ii)　$\zeta \in C_2(r_2)$ のとき $|z - z_0| < |\zeta - z_0|$ に注意して

$$\begin{aligned}\frac{1}{\zeta - z} &= \frac{1}{(\zeta - z_0) - (z - z_0)} \\ &= \frac{1}{\zeta - z_0} \frac{1}{1 - ((z - z_0)/(\zeta - z_0))} \\ &= \frac{1}{\zeta - z_0} \sum_{p=0}^{\infty} \left(\frac{z - z_0}{\zeta - z_0} \right)^p \\ &= \sum_{p=0}^{\infty} \frac{(z - z_0)^p}{(\zeta - z_0)^{p+1}}\end{aligned}$$

この級数は $\zeta \in C_2(r_2)$ に関して一様に収束している．

これらを線積分の式に代入して

$$2\pi \boldsymbol{i} f(z) = -\int_{C_1(r_1)} \sum_{p=0}^{\infty} \frac{f(\zeta)(\zeta - z_0)^p}{(z - z_0)^{p+1}}\, d\zeta + \int_{C_2(r_2)} \sum_{p=0}^{\infty} \frac{f(\zeta)(z - z_0)^p}{(\zeta - z_0)^{p+1}}\, d\zeta$$

また

$$\begin{aligned}2\pi \boldsymbol{i} f(z) = &\sum_{p=0}^{\infty} \left(-\int_{C_1(r_1)} f(\zeta)(\zeta - z_0)^p\, d\zeta \right) (z - z_0)^{-p-1} \\ &+ \sum_{p=0}^{\infty} \left(\int_{C_2(r_2)} \frac{f(\zeta)}{(\zeta - z_0)^{p+1}}\, d\zeta \right) (z - z_0)^p\end{aligned}$$

より係数を

$$a_p = \frac{1}{2\pi \boldsymbol{i}} \begin{cases} \int_{C_2(r_2)} f(\zeta)/(\zeta - z_0)^{p+1}\, d\zeta & (p \geqq 0) \\ -\int_{C_1(r_1)} f(\zeta)/(\zeta - z_0)^{p+1}\, d\zeta & (p \leqq -1) \end{cases}$$

により定めると

$$f(z) = \sum_{p \in \mathbb{Z}} a_p\, (z - z_0)^p$$

とシンプルに記述できる．

さて a_p $(p \leqq -1)$ を見直す．$C_1(r_1)$ の向きに注意しておく．$C_1(r_1)$ は時計回りなので変数変換して反時計回りの $C(r_1)^{-1}$ の線積分の形にする．

$$-\int_{C_1(r_1)} \frac{f(\zeta)}{(\zeta - z_0)^{p+1}}\, d\zeta = \int_{C_1(r_1)^{-1}} \frac{f(\zeta)}{(\zeta - z_0)^{p+1}}\, d\zeta$$

また a_p を記述する線積分は r_1, r_2 のとり方に依存しないことに注意すると命題 4.3 により，次の統一的な表現が得られる．

$$a_m = \frac{1}{2\pi \boldsymbol{i}} \int_{C(s)} \frac{f(\zeta)}{(\zeta - z_0)^{m+1}}\, d\zeta \quad (m \in \mathbb{Z})$$

ここで $s \in (0, r)$ であり，$C(s)$ は z_0 を中心とした半径 s の円周に反時計回りの向きを指定した積分路である．■

この証明の中での議論から a_m は s には依存せず f のみから決まる．すなわちローラン展開は一意的である．

定義　定理 4.7 の状況において f の孤立特異点 z_0 に対する a_{-1} すなわちローラン展開の -1 次のベキの係数を**留数**といい $\mathrm{Res}(f, z_0)$ と書く．

$$\mathrm{Res}(f, z_0) = a_{-1} = \frac{1}{2\pi \boldsymbol{i}} \int_{C(s)} f(\zeta)\, d\zeta$$

である．ここで $s > 0$ は z_0 から ∂D までの距離より小さくとられている．

この留数の定義式の右辺において積分路である閉曲線 $C(s)$ は f が正則の範囲 D においてホモトピーの意味で変形可能であることに注意しよう．すなわち閉曲線 $C(s)$ は，z_0 をその内側に含み D において $C(s)$ とホモトープなもの C に交換可能である．

計算例　$f(z) = (\sin z)/z^2$ の 0 でのローラン展開を見る．第2章で示した通り $\sin z = \sum_{m=1}^{\infty}(-1)^{m-1}z^{2m-1}/(2m-1)!$ であるから

$$f(z) = \frac{1}{z^2}\sum_{m=1}^{\infty}\frac{(-1)^{m-1}z^{2m-1}}{(2m-1)!} = \frac{1}{z} + \sum_{m=1}^{\infty}\frac{(-1)^m z^{2m-1}}{(2m+1)!}$$

となる．$\mathrm{Res}(f, 0) = 1$ も主張できる．

問 4.3　次の計算をせよ．

(1) $\mathrm{Res}\left(\dfrac{z^2+1}{z}, 0\right)$　　(2) $\mathrm{Res}\left(\dfrac{e^z}{z-1}, 1\right)$

(3) $\mathrm{Res}\left(\dfrac{\log z}{z-2\boldsymbol{i}}, 2\boldsymbol{i}\right)$　　(4) $\mathrm{Res}\left(\dfrac{1}{\cos z}, \dfrac{\pi}{2}\right)$

問 4.4　$a \in \mathbb{C}$ とする．関数 $f(z) = e^z/(z-a)^2$ の $z = a$ におけるローラン展開を求めよ．

問 4.5　領域 D および点 $w \in D$ があり $f(z)$, $g(z)$ は D で正則であると仮定する．このとき次が成立することを示せ．

$$\mathrm{Res}\left(\frac{f(z)}{z-w} + g(z), w\right) = 2\pi\boldsymbol{i}f(w)$$

問 4.6　領域 D で正則関数 f があり，ある点 $w \in D$ で $f(w) = 0$ を満たすとする．このとき関数

$$\widetilde{f}(z) = \begin{cases} f(z)/(z-w) & (z \in D \setminus \{w\}) \\ f'(w) & (z = w) \end{cases}$$

は D で正則であることを示せ．

4.5 留数定理

前節における議論により 1 点に可縮な単一閉曲線 C 内にただ 1 つの孤立特異点をもつ f に対して $\int_C f(z)\,dz$ の値を留数の形で得ることができた．それでは C の内側に孤立特異点が複数個あるときはどうしたら良いであろうか．そのようなケースでも $\int_C f(z)\,dz$ を留数を用いて同様に計算できるのが留数定理である．それを説明しよう．

定理 4.8 D を領域とする．C は D において 1 点に可縮で，区分的 C^1 級の単一閉曲線であるとする．また反時計回りの向きが付いているとする．C の内側に m 個の異なる点 $a_1, a_2, \ldots, a_m \in D$ および $D \setminus \{a_1, a_2, \ldots, a_m\}$ 上の正則関数 f があるとする．このとき次の公式が成立する．

$$\frac{1}{2\pi \boldsymbol{i}} \int_C f(z)\,dz = \sum_{j=1}^{m} \mathrm{Res}(f, a_j)$$

これは**留数定理**と呼ばれる．

証明の概要 C および C の内側の領域を合わせて W とする．W を図 **4.8** のように区分けする．

$$W = W_1 \cup W_2 \cup \cdots \cup W_m$$

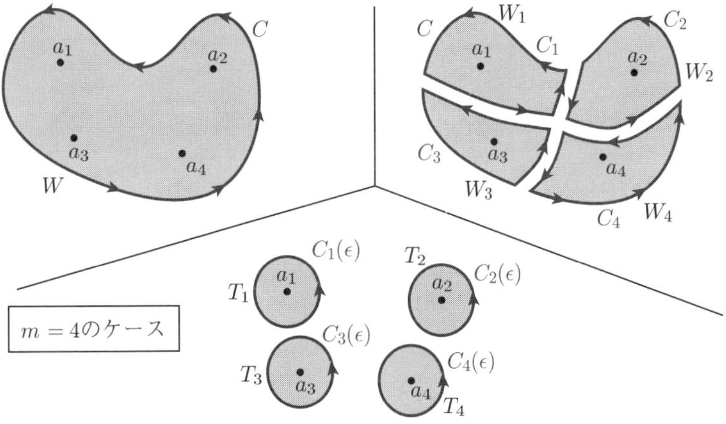

図 **4.8** 孤立特異点と留数の関係

ただし，各 W_j は区分的に C^1 級の境界 C_j をもち，内部に孤立特異点のうち a_j のみを含んでいるとする．$C_j = \partial W_j$ には反時計回りの向きを付けておく．$\epsilon > 0$ とする．各番号 j $(1 \leqq j \leqq m)$ について円板および円周

$$T_j = \{z \in D \mid |z - a_j| \leqq \epsilon\}$$

$$C_j(\epsilon) = \{a_j + \epsilon e^{\boldsymbol{i}\theta} \mid 0 \leqq \theta \leqq 2\pi\}$$

を定め $C_j(\epsilon)$ には反時計回りに向きを付けておく．$\epsilon > 0$ を小さくとり T_j $(1 \leqq j \leqq m)$ が互いに交わらないようにしておく．f は $D \setminus \bigcup_{j=1}^{m} T_j$ で正則となる．よって命題 4.2 より

$$\begin{aligned}\int_C f(z)\,dz &= \sum_{j=1}^{m} \int_{C_j} f(z)\,dz \\ &= \sum_{j=1}^{m} \int_{C_j(\epsilon)} f(z)\,dz\end{aligned}$$

最右辺を考えると定義により

$$2\pi\boldsymbol{i} \sum_{j=1}^{m} \mathrm{Res}(f, a_j)$$

に一致するので留数定理の結論を得て証明が終わる．■

4.6 計 算 例

本節ではコーシーの積分定理あるいは留数定理を適用して計算することで得られるいくつかの等式を紹介する．以下の課題では $r>0$ として有向曲線 $C(r)$ を $C(r)=\{re^{\theta \boldsymbol{i}} \mid 0 \leqq \theta \leqq 2\pi\}$（反時計回り）とする．

計算例 A　留数定理を適用してみよう．

$$I=\int_{C(2)} \frac{1}{z^2+1}\,dz$$

積分路である 0 中心の半径 2 の円の内側には孤立特異点 $\boldsymbol{i}$, $-\boldsymbol{i}$ がある．

$$\begin{aligned} I &= \int_{C(2)} \frac{1}{(z-\boldsymbol{i})(z+\boldsymbol{i})}\,dz \\ &= 2\pi\boldsymbol{i}\,\mathrm{Res}\left(\frac{1}{(z-\boldsymbol{i})(z+\boldsymbol{i})}, \boldsymbol{i}\right) + 2\pi\boldsymbol{i}\,\mathrm{Res}\left(\frac{1}{(z-\boldsymbol{i})(z+\boldsymbol{i})}, -\boldsymbol{i}\right) = \pi - \pi \\ &= 0 \end{aligned}$$

計算例 B　$a>1$ とする．

$$I=\int_0^{2\pi} \frac{1}{a+\cos\theta}\,d\theta$$

を複素積分を適用して計算する．$z=e^{\theta \boldsymbol{i}}$ として $dz/d\theta=\boldsymbol{i}e^{\theta\boldsymbol{i}}=\boldsymbol{i}z$ であり $\cos\theta=(z+(1/z))/2$ であったから

$$\begin{aligned} I &= \int_0^{2\pi} \frac{1}{a+\cos\theta}\,\frac{1}{\boldsymbol{i}z}\,\frac{dz}{d\theta}\,d\theta = \int_{C(1)} \frac{1}{a+(z+(1/z))/2}\,\frac{1}{\boldsymbol{i}z}\,dz \\ &= \int_{C(1)} \frac{1}{\boldsymbol{i}}\,\frac{2}{z^2+2az+1}\,dz \end{aligned}$$

因数分解して $z^2+2az+1=(z-\alpha)(z-\beta)$ とする．ここで根 α, β は

$$\alpha=-a-\sqrt{a^2-1}<-1<\beta=-a+\sqrt{a^2-1}<0$$

を満たす．これより複素積分の関数は $C(1)$ の内側にただ 1 つ特異点 β をもつ．

$$I=\frac{1}{\boldsymbol{i}}\int_{C(1)} \frac{2}{z-\alpha}\,\frac{1}{z-\beta}\,dz = \frac{2}{\boldsymbol{i}}\,(2\pi\boldsymbol{i})\,\frac{1}{\beta-\alpha} = \frac{2\pi}{\sqrt{a^2-1}}$$

計算例 C　次の積分は通常の実変数の微分積分によっても計算可能だが複素積分と留数定理によってアプローチすることを試みる.

$$J = \int_{-\infty}^{\infty} \frac{1}{1+x^2+x^4}\,dx$$

$f(z) = 1/(z^4+z^2+1)$ とおく.

$$\begin{aligned}
&z^4+z^2+1\\
&= \frac{z^6-1}{z^2-1}\\
&= \left(\prod_{j=1}^{6}\left(z-\exp\left(\frac{j\pi\boldsymbol{i}}{3}\right)\right)\right)\Bigg/(z^2-1)\\
&= \left(z-\exp\left(\frac{\pi\boldsymbol{i}}{3}\right)\right)\left(z-\exp\left(\frac{2\pi\boldsymbol{i}}{3}\right)\right)\\
&\quad\times\left(z-\exp\left(\frac{4\pi\boldsymbol{i}}{3}\right)\right)\left(z-\exp\left(\frac{5\pi\boldsymbol{i}}{3}\right)\right)
\end{aligned}$$

となり $f(z)$ の特異点はこの多項式の 4 つの零点† である. そのうち上半平面‡にあるのは $e^{\pi\boldsymbol{i}/3}$, $e^{2\pi\boldsymbol{i}/3}$ である.

$R>2$ として積分路を作成する.

$$C_1(R)\colon \zeta_1(t)=t \quad (-R \leqq t \leqq R),\quad C_2(R)\colon \zeta_2(t)=Re^{\theta\boldsymbol{i}} \quad (0\leqq\theta\leqq\pi)$$

留数定理により

$$\begin{aligned}
&\frac{1}{2\pi\boldsymbol{i}}\int_{C_1(R)\circ C_2(R)} f(z)\,dz = \mathrm{Res}(f, e^{\frac{\pi\boldsymbol{i}}{3}}) + \mathrm{Res}(f, e^{\frac{2\pi\boldsymbol{i}}{3}})\\
&= \frac{1}{(e^{\pi\boldsymbol{i}/3}-\exp(\frac{2\pi\boldsymbol{i}}{3}))(e^{\pi\boldsymbol{i}/3}-\exp(\frac{4\pi\boldsymbol{i}}{3}))(e^{\pi\boldsymbol{i}/3}-\exp(\frac{5\pi\boldsymbol{i}}{3}))}\\
&\quad + \frac{1}{(e^{2\pi\boldsymbol{i}/3}-\exp(\frac{\pi\boldsymbol{i}}{3}))(e^{2\pi\boldsymbol{i}/3}-\exp(\frac{4\pi\boldsymbol{i}}{3}))(e^{2\pi\boldsymbol{i}/3}-\exp(\frac{5\pi\boldsymbol{i}}{3}))}\\
&= \frac{-\sqrt{3}\,\boldsymbol{i}}{6}
\end{aligned}$$

---

† 複素関数 f に対し, $f(a)=0$ となる点 a を f の零点と呼ぶ.

‡ 上半平面とは複素平面のうち $\mathrm{Im}(z)>0$ で表せる集合のことである.

である．一方

$$\left|\int_{C_2(R)} f(z)\,dz\right| \leqq \int_{C_2(R)} |f(z)|\,|dz| \leqq \int_{C_2(R)} \left|\frac{1}{z^4+z^2+1}\right| |dz|$$
$$\leqq \int_{C_2(R)} \frac{1}{|z|^4-|z|^2-1}\,|dz| = \frac{\pi R}{R^4-R^2-1} \to 0 \quad (R\to\infty)$$

より，

$$\lim_{R\to\infty} \frac{1}{2\pi \boldsymbol{i}} \int_{C_1(R)} f(z)\,dz = \frac{-\sqrt{3}\,\boldsymbol{i}}{6}$$

両辺に $2\pi\boldsymbol{i}$ をかけて次の等式を得る．

$$\lim_{R\to\infty} \int_{-R}^{R} \frac{1}{x^4+x^2+1}\,dx = \frac{\pi}{\sqrt{3}}$$

計算が複雑な適用例も紹介する．

計算例 D　次の関数に留数定理を活用してみる．

$$f(z) = \frac{\cot(\pi z)}{1+z+z^2}$$

f の特異点を求める．$1+z+z^2 = (z-e^{(2/3)\pi\boldsymbol{i}})(z-e^{(4/3)\pi\boldsymbol{i}})$ とすれば零点は $\alpha = e^{(2/3)\pi\boldsymbol{i}}$, $\beta = e^{(4/3)\pi\boldsymbol{i}}$ となる．また $\sin(\pi z)$ の零点は実軸上の整数点の全体である．そこで $n\in\mathbb{N}$ として

$$\alpha,\ \beta,\ -n,\ -(n-1),\ \ldots,\ n-1,\ n$$

を囲む（反時計回りの）有向閉曲線 $C(n)$ を以下の通り設定する．

$$C(n) = C_1(n)\circ C_2(n)\circ C_3(n)\circ C_4(n)$$
$$C_1(n)\colon \zeta = t-n\boldsymbol{i} \quad (-(n+(1/2)) \leqq t \leqq n+(1/2))$$
$$C_2(n)\colon \zeta = n+(1/2)+t\boldsymbol{i} \quad (-n \leqq t \leqq n)$$
$$C_3(n)\colon \zeta = -t+n\boldsymbol{i} \quad (-(n+(1/2)) \leqq t \leqq n+(1/2))$$
$$C_4(n)\colon \zeta = -n-(1/2)-t\boldsymbol{i} \quad (-n \leqq t \leqq n)$$

とする．留数定理により

$$(*) \qquad \frac{1}{2\pi\boldsymbol{i}} \int_{C(n)} f(z)\,dz = \mathrm{Res}(f,\alpha) + \mathrm{Res}(f,\beta) + \sum_{k=-n}^{n} \mathrm{Res}(f,k)$$

となる．以下右辺の各項を計算する．

$$\mathrm{Res}(f,k)=\mathrm{Res}\left(\frac{\cos(\pi(z-k))}{1+z+z^2}\,\frac{1}{\sin(\pi(z-k))},k\right)=\frac{1}{\pi(1+k+k^2)}$$

$$\mathrm{Res}(f,\alpha)=\mathrm{Res}\left(\frac{\cot(\pi z)}{z-\beta}\,\frac{1}{z-\alpha},\alpha\right)=\frac{\cot(\pi\alpha)}{\alpha-\beta}$$

$$=\frac{1}{\sqrt{3}}\,\frac{\exp(-\sqrt{3}\,\pi/2)-\exp(\sqrt{3}\,\pi/2)}{\exp(-\sqrt{3}\,\pi/2)+\exp(\sqrt{3}\,\pi/2)}$$

$$\mathrm{Res}(f,\beta)=\mathrm{Res}\left(\frac{\cot(\pi z)}{z-\alpha}\,\frac{1}{z-\beta},\beta\right)=\frac{\cot(\pi\beta)}{\beta-\alpha}$$

$$=\frac{1}{(-\sqrt{3}\,)}\,\frac{\exp(\sqrt{3}\,\pi/2)-\exp(-\sqrt{3}\,\pi/2)}{\exp(\sqrt{3}\,\pi/2)+\exp(-\sqrt{3}\,\pi/2)}$$

$$\int_{C(n)} f(z)\,dz=\sum_{j=1}^{4}\int_{C_j(n)} f(z)\,dz$$

以下 $n\geqq 3$ として $C(n)$ 上での $|f(z)|$ の積分を評価する.

(i)　$z\in C_1(n)$, $z=t-n\boldsymbol{i}$ $(-(n+(1/2))\leqq t\leqq n+(1/2))$ のとき $|z|\geqq 3$ より

$$|f(z)|=\left|\frac{1}{z^2+z+1}\,\frac{e^{z\pi\boldsymbol{i}}+e^{-z\pi\boldsymbol{i}}}{e^{z\pi\boldsymbol{i}}-e^{-z\pi\boldsymbol{i}}}\right|$$

$$\leqq\frac{1}{|z|^2-|z|-1}\left|\frac{e^{\pi(t\boldsymbol{i}+n)}+e^{-\pi(t\boldsymbol{i}+n)}}{e^{\pi(t\boldsymbol{i}+n)}-e^{-\pi(t\boldsymbol{i}+n)}}\right|$$

$$\leqq\frac{1}{|z|^2-|z|-1}\,\frac{e^{n\pi}+e^{-n\pi}}{e^{n\pi}-e^{-n\pi}}\leqq\frac{4}{n^2}$$

(ii)　$z\in C_2(n)$, $z=n+(1/2)+t\boldsymbol{i}$ $(-n\leqq t\leqq n)$ に対して

$$|f(z)|=\left|\frac{1}{z^2+z+1}\,\frac{e^{z\boldsymbol{i}}+e^{-z\boldsymbol{i}}}{e^{z\boldsymbol{i}}-e^{-z\boldsymbol{i}}}\right|$$

$$\leqq\frac{1}{|z|^2-|z|-1}\left|\frac{e^{(n+(1/2))\pi\boldsymbol{i}-\pi t}+e^{-(n+(1/2))\pi\boldsymbol{i}+\pi t}}{e^{(n+(1/2))\pi\boldsymbol{i}-\pi t}-e^{-(n+(1/2))\pi\boldsymbol{i}+\pi t}}\right|$$

$$=\frac{1}{|z|^2-|z|-1}\,\frac{|e^{\pi t}-e^{-\pi t}|}{e^{\pi t}+e^{-\pi t}}\leqq\frac{4}{n^2}$$

(iii)　(i) と同様の計算で $z\in C_3(n)$, $|f(z)|\leqq 4/n^2$ となる.

(iv)　(ii) と同様の計算で $z\in C_4(n)$, $|f(z)|\leqq 4/n^2$ となる.

以上の評価式により

$$\left|\int_{C(n)} f(z)\,dz\right| \leqq \sum_{j=1}^{4} \left|\int_{C_j(n)} f(z)\,dz\right| \leqq \sum_{j=1}^{4} \int_{C_j(n)} |f(z)|\,|dz|$$

$$\leqq \frac{4}{n^2}(2n+1) + \frac{4}{n^2}(2n) + \frac{4}{n^2}(2n+1) + \frac{4}{n^2}(2n)$$

$$= \frac{32n+8}{n^2} \to 0 \quad (n \to \infty)$$

を得る．最初の式 $(*)$ において $n \to \infty$ として等式

$$0 = \frac{2}{\sqrt{3}} \frac{\exp(-\sqrt{3}\,\pi/2) - \exp(\sqrt{3}\,\pi/2)}{\exp(-\sqrt{3}\,\pi/2) + \exp(\sqrt{3}\,\pi/2)} + \sum_{k=-\infty}^{\infty} \frac{1}{\pi(1+k+k^2)}$$

以上から次の等式を得る．

$$\sum_{n \in \mathbb{Z}} \frac{1}{n^2+n+1} = \frac{2\pi}{\sqrt{3}} \frac{\exp(\sqrt{3}\,\pi/2) - \exp(-\sqrt{3}\,\pi/2)}{\exp(\sqrt{3}\,\pi/2) + \exp(-\sqrt{3}\,\pi/2)}$$

問 **4.7**　$n \in \mathbb{N}$ として $\mathrm{Res}(1/(\sin(\pi z)), n)$ を求めよ．

問 **4.8**　$\int_{C(1/2)} \exp(\frac{1}{z(z-1)})\,dz$ を計算せよ．

問 **4.9**　$\int_{-\infty}^{\infty} 1/\{(x^2+1)(x^4+1)\}\,dx$ を求めよ．

4.7 コーシーの積分公式に関連する諸結果

本節では得られた積分公式からすぐに導かれる 2 つの有名な定理を解説する．

定理 4.9（リウビルの定理）f は $\mathbb{C}$ で正則であり有界な関数であるとする．このとき f は定数関数となる．

証明　コーシーの積分定理を適用する．$D = \mathbb{C}$ であり，$C = C(R)$: $\zeta(t) = Re^{t\boldsymbol{i}}$ $(0 \leqq t \leqq 2\pi)$ として利用する．ただし $R > 0$ である．このとき

$$f(z) = \frac{1}{2\pi\boldsymbol{i}} \int_{C(R)} \frac{f(\zeta)}{\zeta - z}\, d\zeta, \quad f(0) = \frac{1}{2\pi\boldsymbol{i}} \int_{C(R)} \frac{f(\zeta)}{\zeta}\, d\zeta$$

が成立する．ただし $0 < |z| < R$ としている．辺々を引き算して右辺を計算して

$$f(z) - f(0) = \frac{1}{2\pi\boldsymbol{i}} \int_{C(R)} \frac{z\, f(\zeta)}{\zeta(\zeta - z)}\, d\zeta$$

f は $\mathbb{C}$ で有界だから，ある $M > 0$ があって $|f(z)| \leqq M$ であることに注意する．

$$\begin{aligned} |f(z) - f(0)| &= \frac{|z|}{2\pi} \left| \int_{C(R)} \frac{f(\zeta)}{\zeta(\zeta - z)}\, d\zeta \right| \leqq \frac{|z|}{2\pi} \int_{C(R)} \frac{|f(\zeta)|}{|\zeta|\,|\zeta - z|}\, |d\zeta| \\ &\leqq \frac{|z|}{2\pi} \int_{C(R)} \frac{M}{R(R - |z|)}\, |d\zeta| = \frac{|z|}{2\pi} \frac{M}{R(R - |z|)}\, 2\pi R = \frac{M|z|}{R - |z|} \end{aligned}$$

ここで，任意に z をとってから $|z| < R$ として R を選んでいるとすれば R をいくらでも大きくとって良い．よって $R \to \infty$ として $|f(z) - f(0)| = 0$ が得られる．z は任意の点であったから f は定数関数となる．■

命題 4.10　f は $\mathbb{C}$ で正則であり，ある定数 $c_1 \geqq 0$, $c_2 \geqq 0$ が存在して $|f(z)| \leqq c_1 |z| + c_2$ $(z \in \mathbb{C})$ が成立するとする．このとき f は 1 次関数である．すなわち定数 A, B が存在して $f(z) = Az + B$ となる．

証明　$C(R)$: $\zeta(\theta) = Re^{\theta\boldsymbol{i}}$ $(0 \leqq \theta \leqq 2\pi)$ とおき $n = 2$ として定理 4.6 を $|z| < R$ として適用して

$$\frac{d^2 f}{dz^2}(z) = \frac{2!}{2\pi\boldsymbol{i}} \int_{C(R)} \frac{f(\zeta)}{(\zeta - z)^3}\, d\zeta$$

$$\left|\frac{d^2f}{dz^2}(z)\right| \leqq \frac{1}{\pi}\int_{C(R)} \frac{|f(\zeta)|}{|\zeta-z|^3}\,|d\zeta| \leqq \frac{1}{\pi}\int_{C(R)} \frac{c_1|\zeta|+c_2}{(|\zeta|-|z|)^3}\,|d\zeta|$$

$$\leqq \frac{1}{\pi}\,\frac{c_1R+c_2}{(R-|z|)^3}\,2\pi R = \frac{2R(c_1R+c_2)}{(R-|z|)^3} \to 0 \quad (R\to\infty)$$

これより $d^2f/dz^2 = 0$ $(z\in\mathbb{C})$ となる．従って正則関数 $F = df/dz$ は定数関数となる．問 3.4 の結果を利用して f は 1 次関数となる．■

定理 4.11（代数学の基本定理）n を自然数とする．複素係数の n 次多項式

$$P(z) = z^n + c_1z^{n-1} + c_2z^{n-2} + \cdots + c_{n-1}z + c_n \quad (c_j\in\mathbb{C},\ 1\leqq j\leqq n)$$

は 1 次式の積に分解できる．すなわち，ある $\alpha_1,\alpha_2,\ldots,\alpha_n\in\mathbb{C}$ が存在して

$$P(z) = (z-\alpha_1)(z-\alpha_2)\cdots(z-\alpha_n)$$

と表現できる．

証明　ある $\alpha\in\mathbb{C}$ があって $P(\alpha)=0$ となることを示す．背理法を適用する．任意の $z\in\mathbb{C}$ に対して $P(z)\neq 0$ を仮定する．このとき $1/P(z)$ は $\mathbb{C}$ で正則となる．さて

$$\frac{1}{P(z)} = \frac{1}{z^n + c_1z^{n-1} + \cdots + c_{n-1}z + c_n} = \frac{1}{z^n}\,\frac{1}{1+\sum_{k=1}^{n} c_k\,(1/z)^k}$$

ここで $R = 2n(1+|c_1|+|c_2|+\cdots+|c_n|)$ とおく．もし $|z|\geqq R$ ならば $|c_k\,(1/z)^k| \leqq 1/(2n)$ となるので $|1/P(z)|\leqq 2/R^n$ である．よって $1/P(z)$ は $|z|\to\infty$ でゼロに収束する．一方 $|1/P(z)|$ は有界閉集合 $K=\{z\in\mathbb{C}\mid |z|\leqq R\}$ で正の連続関数なので最大値最小値の定理より K で正の最大値をとる．以上をまとめて $1/P(z)$ は $\mathbb{C}$ で有界な正則関数となる．よってリウビルの定理を適用して $1/P(z)$ は定数関数となる．一方，$\displaystyle\lim_{|z|\to\infty} 1/P(z) = 0$ であるから $1/P(z)\equiv 0$ となり矛盾である．よって背理法の仮定は否定されて $P(\alpha)=0$ となる $\alpha\in\mathbb{C}$ がある．これを α_1 と書く．P は多項式で $P(\alpha_1)=0$ であるから多項式の割り算定理より $z-\alpha_1$ で割り切れる．よって P は $P(z)=(z-\alpha_1)P_1(z)$ で $P_1(z)$ が $n-1$ 次多項式である形に表現される．これによって課題が，次数が 1 つ低い P_1 のケースに帰着された．次々とこの議論を繰り返し $n=1$ の場合に帰着する．$n=1$ の場合は自明だから定理の結論が得られる．

■

演習問題

以下の問題では $r>0$ として有向曲線 $C(r)$ を $C(r)=\{re^{\theta\boldsymbol{i}}\mid 0\leqq\theta\leqq 2\pi\}$（反時計回り）とする．

4.1 以下の線積分を求めよ．

(1) $\displaystyle\int_{C(2)}\frac{1}{z+1}\,dz$　　(2) $\displaystyle\int_{C(2)}\frac{1}{(z+1)(z+3)}\,dz$

4.2 以下の線積分を求めよ．

(1) $\displaystyle\int_{C(2)}\frac{e^z}{z+3}\,dz$　　(2) $\displaystyle\int_{C(1)}\frac{\cos(\pi z)}{z(z-3)}\,dz$

4.3 以下の線積分を求めよ．

(1) $\displaystyle\int_{C(1)}\frac{e^{z^2}}{z^2}\,dz$　　(2) $\displaystyle\int_{C(1)}\frac{e^z}{z^2(z-2)}\,dz$

4.4 $\mathbb{C}$ において正則な関数 $f(z)$ が，ある自然数 p およびある定数 $c>0,\ d>0$ に対して

$$|f(z)|\leqq c|z|^p+d\quad (z\in\mathbb{C})$$

であるならば，f は高々 p 次多項式となることを示せ．

4.5 $f(z)$ は $\mathbb{C}$ で正則であるとき，次の公式を示せ．

$$\int_{C(2)}f\left(\frac{1}{z}\right)dz=2\pi\boldsymbol{i}f'(0)$$

4.6 領域 $D\subset\mathbb{C}$ において正則関数 f があるとする．また D は凸集合であるとする．$z_0\in D$ を1つとり固定する．

(1) $F(z)=(z-z_0)\int_0^1 f((1-t)z_0+tz)\,dt\ (z\in D)$ は D で正則関数となることを示せ．

(2) F は f の原始関数であることを示せ．

4.7 $m\geqq 2$ として m 個の複素数 $a_1,a_2,\ldots,a_m$ があるとき線積分

$$\int_{C(R)}\frac{1}{(z-a_1)(z-a_2)\cdots(z-a_m)}\,dz$$

を求めよ．ただし $R>\max(|a_1|,|a_2|,\ldots,|a_m|)$ とする．

ヒント：変数変換 $\zeta=1/z$ を考える．

4.8 $w\in\mathbb{C}$ とする．$R>0$ として円板 $D=\{z\in\mathbb{C}\mid |z-w|<R\}$ において正則な関数 $f(z)$ が $f(w)=(df/dz)(w)=\cdots=(d^pf/dz^p)(w)=0$ を満たすと仮定する．このとき，D で正則な関数 g があって $f(z)=(z-w)^{p+1}g(z)$ となることを示せ．

4.9 線積分を求めよ．

(1) $\displaystyle\int_{C(4)} \frac{1}{\sin z}\,dz$ (2) $\displaystyle\int_{C(3)} \frac{z^2}{\cos z}\,dz$

4.10 $\mathbb{C}$ 上の正則関数 f は $|f(z)| \leqq c_1 |z|^{1/2} + c_2$ $(z \in \mathbb{C})$ を満たすとする．ただし $c_1 > 0,\, c_2 > 0$ である．このとき f は定数関数となることを示せ．

4.11 関数 f は $\mathbb{C}$ で正則であり，ある $M > 0$ および $w \in \mathbb{C}$ が存在して

$$|f(z)| \leqq M|e^z| \quad (z \in \mathbb{C}), \qquad f(w) = 0$$

を満たすと仮定する．このとき f は恒等的にゼロであることを示せ．

4.12 関数 f, g は領域 D で正則であるとする．ある $w \in D$ があって $\lim_{z\to w} f(z) = 0$, $\lim_{z\to w} g(z) = 0$ を仮定する．もし $\lim_{z\to w} f'(z)/g'(z)$ が存在して有限値 A であると仮定するとき次を示せ．

$$\lim_{z\to w} \frac{f(z)}{g(z)} = A$$

4.13 領域 D および点 $w \in D$ があり $f(z), g(z)$ は D で正則であると仮定する．このとき次が成立することを示せ．

$$\mathrm{Res}\left(\frac{f(z)}{(z-w)^2} + g(z), w\right) = 2\pi \boldsymbol{i} f'(w)$$

4.14 $\epsilon > 0$ とする．$\sum_{n\in\mathbb{Z}}(1/(n^4+\epsilon^4))$ を求めよ．また $\sum_{n=1}^{\infty}(1/n^4)$ を求めよ．
ヒント：計算例 D を参照．

4.15 領域 $D = \{z \in \mathbb{C} \mid |z| > 1\}$ において正則な関数 $f(z)$ が $\lim_{|z|\to\infty} |f(z)| = \infty$ を満たすと仮定する．このとき，ある $m \in \mathbb{N}$ があって $\lim_{|z|\to\infty} f(z)/z^m$ が有限確定値をもつことを示せ．
ヒント：$g(z) = 1/f(1/z)$ を考える．

第5章 正則関数の諸性質

本章では複素関数の正則性，コーシーの積分定理から導かれるいくつかの重要な定理を通して，正則関数のさらなる性質を見てゆく．また後半では，孤立特異点の分類と有理型関数の代表的な性質を学ぶ．

5.1 コーシー・リーマン方程式

複素数 z の複素1変数関数は $x=\mathrm{Re}(z)$ と $y=\mathrm{Im}(z)$ の2つの変数をもつ実2変数関数とも見なせる．複素関数の正則性を，実2変数関数の立場から調べると次の有名なコーシー・リーマン方程式が現れる．

定理 5.1（コーシー・リーマン方程式） $D\subset\mathbb{C}$ を領域とし $f(z)$ は D で複素微分可能であるとする．$z=x+y\boldsymbol{i}\in D$ $(x=\mathrm{Re}(z),\ y=\mathrm{Im}(z))$ とし，$u(x,y)=\mathrm{Re}(f(x+y\boldsymbol{i}))$, $v(x,y)=\mathrm{Im}(f(x+y\boldsymbol{i}))$ とおく．このとき以下の等式が成立する．

$$\frac{\partial u}{\partial x}-\frac{\partial v}{\partial y}=0,\quad \frac{\partial u}{\partial y}+\frac{\partial v}{\partial x}=0\quad ((x,y)\in\widehat{D})$$

ここで $\widehat{D}=\{(x,y)\in\mathbb{R}^2\mid x+y\boldsymbol{i}\in D\}$ である．

証明 $f(z)$ の複素微分を方向別に見る．$t>0$ として $\zeta=t$ および $\zeta=s\boldsymbol{i}$ の2つの場合 $(t,s\in\mathbb{R})$ に $z+\zeta$ を考えると，いずれの場合も $t\to 0$, $s\to 0$ のとき $z+\zeta\to z$ である．ここで f が複素微分可能であることを用いて u, v に関する条件を求める．

$$\begin{aligned}
f'(z) &= \lim_{\zeta \to 0} \frac{f(z+\zeta) - f(z)}{\zeta} = \lim_{t \to 0} \frac{f(z+t) - f(z)}{t} \\
&= \lim_{t \to 0} \frac{u(x+t, y) + v(x+t, y)\boldsymbol{i} - u(x, y) - v(x, y)\boldsymbol{i}}{t} \\
&= \frac{\partial u}{\partial x}(x, y) + \frac{\partial v}{\partial x}(x, y)\boldsymbol{i} \\
f'(z) &= \lim_{\zeta \to 0} \frac{f(z+\zeta) - f(z)}{\zeta} = \lim_{s \to 0} \frac{f(z+s\boldsymbol{i}) - f(z)}{s\boldsymbol{i}} \\
&= \lim_{s \to 0} \frac{u(x, y+s) + v(x, y+s)\boldsymbol{i} - u(x, y) - v(x, y)\boldsymbol{i}}{s\boldsymbol{i}} \\
&= \frac{1}{\boldsymbol{i}} \frac{\partial u}{\partial y}(x, y) + \frac{1}{\boldsymbol{i}} \frac{\partial v}{\partial y}(x, y)\boldsymbol{i} = -\frac{\partial u}{\partial y}(x, y)\boldsymbol{i} + \frac{\partial v}{\partial y}(x, y)
\end{aligned}$$

実部と虚部を等しいとおいて結論のコーシー・リーマン方程式を得る．■

例　2 次関数 $f(z) = z^2$，指数関数 $g(z) = e^z$ に対し $\mathbb{C}$ 全体において コーシー・リーマン方程式が成立することを見よう．$z = x + y\boldsymbol{i} \in \mathbb{C}$ とおくと，$f(z) = (x + y\boldsymbol{i})^2 = x^2 - y^2 + 2xy\boldsymbol{i}$ の実部は $u(x, y) = x^2 - y^2$，虚部は $v(x, y) = 2xy$ である．これを用いて

$$\frac{\partial u}{\partial x} = 2x = \frac{\partial v}{\partial y}, \quad \frac{\partial u}{\partial y} = -2y = -\frac{\partial v}{\partial x}$$

が成り立つ．指数関数については $g(z)$ の実部は $u(x, y) = e^x \cos y$，虚部は $v(x, y) = e^x \sin y$ であり，

$$\frac{\partial u}{\partial x} = e^x \cos y = \frac{\partial v}{\partial y}, \quad \frac{\partial u}{\partial y} = -e^x \sin y = -\frac{\partial v}{\partial x}$$

が成り立つ．

適用例　領域 $D \subset \mathbb{C}$ 上の正則関数 $f(z) = u(x, y) + v(x, y)\boldsymbol{i}$ は D で何度でも複素微分可能（定理 4.6）なので，f の実部 u と虚部 v は $\widehat{D}$ において C^∞ 級の実数値関数である．コーシー・リーマン方程式を用いると

$$\frac{\partial^2 u}{\partial x^2} = \frac{\partial}{\partial x}\left(\frac{\partial v}{\partial y}\right) = \frac{\partial}{\partial y}\left(-\frac{\partial u}{\partial y}\right) = -\frac{\partial^2 u}{\partial y^2}$$

が成立する．これは正則関数の実部がラプラスの偏微分方程式 $\Delta u = 0$ を満たすことを意味し，正則関数の実部は調和関数となる．虚部についても同様に調

和関数となる†.

定理 5.1 によりコーシー・リーマン方程式は f が正則関数であることの必要条件であることがわかったが，逆のことが成立する.

定理 5.2　$D, \widehat{D}$ は定理 5.1 と同じものとする．実 2 変数関数 $u(x,y), v(x,y)$ が $\widehat{D}$ において C^1 級でコーシー・リーマン方程式を満たすならば，$f(z) = u(x,y) + v(x,y)\boldsymbol{i}$ $(z = x + y\boldsymbol{i})$ は D で正則関数である‡.

証明は省略する．テイラーの定理などを使って証明できるので各自試みてみよ.

問 5.1　実 2 変数多項式関数

$$u(x,y) = a_1x^2 + b_1xy + c_1y^2, \quad v(x,y) = a_2x^2 + b_2xy + c_2y^2$$

（係数は複素数）がコーシー・リーマン方程式を満たすための係数の条件を求めよ．また，これで得られる複素関数 $f(z) = u(\mathrm{Re}(z), \mathrm{Im}(z)) + v(\mathrm{Re}(z), \mathrm{Im}(z))\boldsymbol{i}$ は $\mathbb{C}$ 上の正則関数となることを示せ.

問 5.2　極表示 $z = re^{\theta\boldsymbol{i}}$ を用いると $f(z) = u(x,y) + v(x,y)\boldsymbol{i}$ に対するコーシー・リーマン方程式の極表示は次で与えられることを示せ.

$$r\frac{\partial u}{\partial r} = \frac{\partial v}{\partial \theta}, \qquad r\frac{\partial v}{\partial r} = -\frac{\partial u}{\partial \theta}$$

問 5.3　m：自然数，α：複素数として $u(x,y) = \mathrm{Re}(\alpha(x + y\boldsymbol{i})^m)$ が調和関数であることを示せ.

問 5.4　関数 $f(z) = e^{|z|^2}$ が正則かどうか調べよ.

---

† $\Delta = \partial^2/\partial x^2 + \partial^2/\partial y^2$ は**ラプラス作用素**といわれる．C^2 級の 2 変数実数値関数 $u(x,y)$ が $\Delta u = 0$ を満たすとき，u は**調和関数**という.

‡ 関数 u, v が C^1 級でなくて全微分可能でも同じ結論がいえる.

5.2　モレラの定理

前節では，複素関数を実変数で表現し，正則であるための条件としてコーシー・リーマン方程式を導出した．本節では，複素関数が正則関数となるための別の見方としてモレラの定理を学ぶ．コーシーの積分定理のいわば逆となっていることを味わおう．

定理 5.3（モレラの定理）D を開集合とし，複素関数 f は D で連続であるとする．内部および周が D に含まれる任意の三角形 T に対し

$$\int_{\partial T} f(z)\,dz = 0$$

を満たすならば，f は D で正則である．

証明　D の各点 z_0 に対し，その適当な近傍 $B(z_0,R) \subset D$ で f は正則であることを示そう．任意の $z \in B(z_0,R)$ に対し z_0 と z を結ぶ有向線分を $[z_0,z]$（z_0 を始点とし z を終点とする有向線分）とし，

$$F(z) = \int_{[z_0,z]} f(\zeta)\,d\zeta$$

とおくと，これは $B(z_0,R)$ における関数となる．複素数 w を $z+w \in B(z_0,R)$ を満たすようにとれば，定理の仮定より

$$\int_{[z_0,z]} f(\zeta)\,d\zeta + \int_{[z,z+w]} f(\zeta)\,d\zeta + \int_{[z+w,z_0]} f(\zeta)\,d\zeta = 0$$

となる．これにより

$$F(z+w) = F(z) + \int_{[z,\,z+w]} f(\zeta)\,d\zeta$$

$$\frac{F(z+w)-F(z)}{w} = \frac{1}{w}\int_{[z,\,z+w]} f(\zeta)\,d\zeta$$

を得る．よって命題 3.16 を用いると

$$\left|\frac{F(z+w)-F(z)}{w} - f(z)\right| = \left|\frac{1}{w}\int_{[z,z+w]} (f(\zeta)-f(z))\,d\zeta\right|$$

$$\leqq \frac{1}{|w|}\int_{[z,z+w]} |f(\zeta)-f(z)|\,|d\zeta|$$

$$\leqq \max_{\zeta \in [z,\, z+w]} |f(\zeta) - f(z)|$$

f の連続性より，上式から $w \to 0$ のとき $(F(z+w) - F(z))/w - f(z) \to 0$ となる．従って F は複素微分可能で $F'(z) = f(z)$ である．$F(z)$ は $B(z_0, R)$ で正則関数となり，定理 4.6 より $B(z_0, R)$ で何度でも複素微分可能なので，その導関数 $f(z)$ も $B(z_0, R)$ で正則である．■

モレラの定理を用いて，次の定理が証明できる．

定理 5.4（ワイエルシュトラスの二重級数定理）領域 D 上の正則関数の列 $\{f_n\}_{n=1}^{\infty}$ があるとする．D 上の関数 f があり，D に含まれる任意の有界閉集合 K に対し，f_n は $n \to \infty$ のとき f に K 上一様収束すると仮定する．このとき f は D で正則である．

証明　T を内部および周が D に含まれる任意の三角形とする．このとき，定理 4.1（コーシーの積分定理）から

$$\int_{\partial T} f_n(z)\, dz = 0 \quad (n = 1, 2, \ldots)$$

が成立する．また命題 3.17（収束定理）より

$$\int_{\partial T} f(z)\, dz = \lim_{n \to \infty} \int_{\partial T} f_n(z)\, dz = 0$$

である．よってモレラの定理から f は D 上正則である．■

5.3　一致の定理

一致の定理は，2 つの正則関数が，定義域に含まれるある空でない開集合上で一致していたら，定義域全体で一致することを主張する定理であり，正則関数に特徴的な結果である．それを説明しよう．以降，関数 f が集合 D で恒等的にゼロであることを「D 上 $f \equiv 0$」と表す．

定理 5.5（一致の定理）D を領域とし複素関数 f は D で正則であるとする．このとき D 内の点 z_0 に収束するある点列 $\{z_n\}_{n=1}^{\infty}$ $(z_n \in D \setminus \{z_0\})$ に対し $f(z_n) = 0$ $(n = 1, 2, \ldots)$ が成り立つならば D 上で $f \equiv 0$ となる．

証明　まず，点 z_0 のある近傍で $f \equiv 0$ を示す．定理 4.5 より，ある $\delta > 0$ があって f は

$$f(z) = \sum_{m=0}^{\infty} a_m (z - z_0)^m \quad (z \in B(z_0, \delta))$$

の形の収束級数で表される．$f(z_n) = 0$ と f の連続性により $a_0 = f(z_0) = \lim_{n\to\infty} f(z_n) = 0$ となる．$f_1(z) = \sum_{m=1}^{\infty} a_m (z - z_0)^{m-1}$ とおくと，$f_1(z)$ は上の級数と同じ収束半径をもち，$B(z_0, \delta) \setminus \{z_0\}$ 上 $f_1(z) = f(z)/(z - z_0)$ となる．また $z_n \neq z_0$ より $f_1(z_n) = 0$ を得る．よって $a_1 = f_1(z_0) = \lim_{n\to\infty} f_1(z_n) = 0$．この方法を繰り返すと $a_m = 0$ $(m \geqq 2)$ となり，ベキ級数の形から $B(z_0, \delta)$ 上 $f \equiv 0$ である．次に D_1 を $f(z) = 0$ となる D の点全体，すなわち $D_1 = \{z \in D \mid f(z) = 0\}$ とする．$z_0 \in D_1$ より $D_1 \neq \emptyset$．あとは $D = D_1$ となることを示せば良い．以下背理法によってこれを示す．

$D \neq D_1$ を仮定する．$D_2 = D \setminus D_1$ とおく．f の連続性と命題 1.8 により D_1 は閉集合で，D_2 は開集合である．もし図 **5.1**（左）のように $w \in D \cap \partial D_1$ となる点があったとすると，$w_n \in D_1$, $w_n \to w$ $(n \to \infty)$ を満たす点列をとり，この w に対して上の議論を行うと w のある $\delta_0 > 0$ 近傍上 $f \equiv 0$ となる．これは $w \in \partial D_1$ に反する．よって $D \cap \partial D_1 = \emptyset$ となり，D_1 は開集合である．すると 図 **5.1**（右）のように D が 2 つの交わらない開集合 $(\neq \emptyset)$ で分離できることになり D の連結性に反する．よって $D = D_1$ となり定理の結論が得られた．

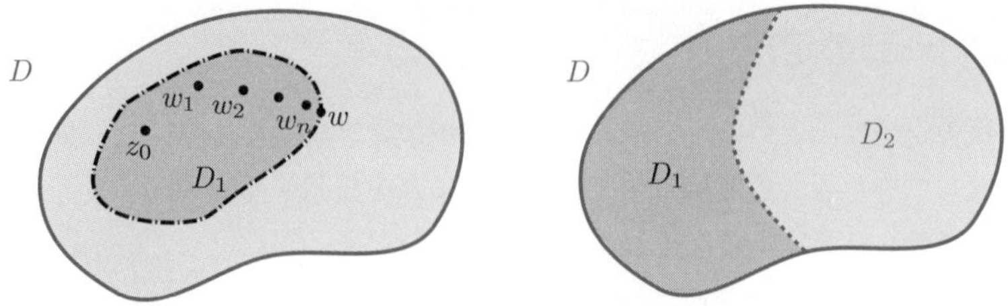

図 **5.1** 一致の定理の証明の説明図 ■

注意 上の定理において，点列 $\{z_n\}$ が領域 D の境界点に収束するとき，一致の定理の主張は必ずしも成立しない．例えば，$\sin(1/z)$ $(0 < |z| < 1)$ を考える．$w_n = 1/n\pi$ $(n = 1, 2, \ldots)$ は $f(z)$ の零点で，$w_n \to 0$ $(n \to \infty)$ であるが，$\sin(1/z)$ は恒等的にはゼロでない．

系 5.6 $f(z)$, $g(z)$ を領域 D で正則な複素関数とする．このとき D の点 z_0 に収束するある点列 $\{z_n\}_{n=1}^{\infty}$ $(z_n \in D \setminus \{z_0\})$ に対し $f(z_n) = g(z_n)$ が成り立つならば，すべての点 $z \in D$ に対し $f(z) = g(z)$ が成立する．

証明 $h(z) = f(z) - g(z)$ に対し，定理 5.5 を適用すれば良い．■

関数拡張の一意性 実数変数の関数が複素変数の正則関数に拡張されるならば，その拡張は一致の定理により一意的である．この性質は正則関数のもつ著しい性質である．例えば，$z = x + y\boldsymbol{i} \in \mathbb{C}$ として，$\mathbb{C}$ 上正則でない関数 $f_1(z) = e^{x+2y\boldsymbol{i}}$, $f_2(z) = e^x \cos y$ を考えると，実軸上 $f_1(z) = f_2(z) = e^x$ が成り立つが，$\mathbb{C}$ 上 f_1, f_2 は一致していない．

例 加法定理（命題 2.1）を一致の定理を用いて示してみよう．$f(z_1, z_2) = \cos(z_1 + z_2)$, $g(z_1, z_2) = \cos z_1 \cos z_2 - \sin z_1 \sin z_2$ を考える．z_2 を実数 x_2 に固定して f, g を $z_1 \in \mathbb{C}$ の関数と見なしたとき，f, g は $\mathbb{C}$ で正則．また実軸上 $f(z_1, x_2) = g(z_1, x_2)$ $(z_1 \in \mathbb{R})$ が成立するので，一致の定理から $f(z_1, x_2) = g(z_1, x_2)$ $(z_1 \in \mathbb{C},\ x_2 \in \mathbb{R})$ が成り立つ．次に $z_1 \in \mathbb{C}$ を固定し，f, g を $z_2 \in \mathbb{C}$ の関数と見なしたとき，f, g は $\mathbb{C}$ で正則で実軸上一致するので，再び一致の定理を用いると，$f(z_1, z_2) = g(z_1, z_2)$ $(z_1, z_2 \in \mathbb{C})$ が成立する．

上の例のように，実数の場合の多くの公式を自動的に複素数に拡張できる．

問 **5.5** 関係式 $\sin^2 z + \cos^2 z = 1$ $(z \in \mathbb{C})$ を一致の定理を用いて示せ．

5.4 平均値の性質と最大値の原理

本節ではコーシーの積分定理に密接に関連し，正則関数の幾何学的な性質を表す有名な定理を紹介する．

定理 5.7（**平均値の性質**） D を領域とし，f は D 上で正則関数とする．いま $z \in D$ および $\delta > 0$ があり $B(z, \delta) \subset D$ であるとする．このとき，任意の $r \in [0, \delta)$ に対して，次の公式が成立する．

$$f(z) = \frac{1}{2\pi} \int_0^{2\pi} f(z + re^{\theta \boldsymbol{i}})\, d\theta$$

$$\mathrm{Re}(f(z)) = \frac{1}{2\pi} \int_0^{2\pi} \mathrm{Re}(f(z + re^{\theta \boldsymbol{i}}))\, d\theta$$

$$\mathrm{Im}(f(z)) = \frac{1}{2\pi} \int_0^{2\pi} \mathrm{Im}(f(z + re^{\theta \boldsymbol{i}}))\, d\theta$$

証明 $C(r)\colon \zeta(\theta) = z + re^{\theta \boldsymbol{i}}$ $(0 \leqq \theta \leqq 2\pi)$ とおき定理 4.4（コーシーの積分公式）を適用して

$$f(z) = \frac{1}{2\pi \boldsymbol{i}} \int_{C(r)} \frac{f(\zeta)}{\zeta - z}\, d\zeta = \frac{1}{2\pi \boldsymbol{i}} \int_0^{2\pi} \frac{f(\zeta(\theta))}{\zeta(\theta) - z} \left(\frac{d\zeta(\theta)}{d\theta} \right) d\theta$$

となる．$d\zeta/d\theta = \boldsymbol{i} re^{\theta \boldsymbol{i}}$, $\zeta - z = re^{\theta \boldsymbol{i}}$ を用いて

$$f(z) = \frac{1}{2\pi \boldsymbol{i}} \int_0^{2\pi} \frac{f(z + re^{\theta \boldsymbol{i}})}{re^{\theta \boldsymbol{i}}}\, \boldsymbol{i} re^{\theta \boldsymbol{i}}\, d\theta = \frac{1}{2\pi} \int_0^{2\pi} f(z + re^{\theta \boldsymbol{i}})\, d\theta$$

を得る．この式の両辺の実部と虚部を考えて残りの 2 つの等式を得る．■

定理 5.8（**最大値の原理**） D を領域とし f は D で正則であるとする．このとき $|f(z)|$ が D で最大値をとるならば f は定数関数である．

証明 $z = z_0 \in D$ で $|f(z)|$ が最大値をとる，すなわち $|f(z)| \leqq |f(z_0)|$ $(z \in D)$ と仮定する．D は開集合なので，ある $\delta > 0$ が存在し $B(z_0, \delta) \subset D$ である．このとき平均値の性質から任意の $r \in [0, \delta)$ に対し，

$$\begin{aligned} |f(z_0)| &= \left| \frac{1}{2\pi} \int_0^{2\pi} f(z_0 + re^{t\boldsymbol{i}})\, dt \right| \leqq \frac{1}{2\pi} \int_0^{2\pi} |f(z_0 + re^{t\boldsymbol{i}})|\, dt \\ &\leqq \frac{1}{2\pi} \int_0^{2\pi} |f(z_0)|\, dt = |f(z_0)| \end{aligned}$$

が成立する．よって $|f(z_0 + re^{t\boldsymbol{i}})| = |f(z_0)|$ $(t \in [0, 2\pi])$ である．r は $0 \leqq r < \delta$ を満たす任意の数なので，$B(z_0, \delta)$ 上で $|f(z)|$ が一定の値 $|f(z_0)|$ をとる．このことから $f(z)$ も $B(z_0, \delta)$ 上で定数関数であることがわかる（このことはコーシー・リーマンの方程式を用いて示される）．従って一致の定理より f は D 上定数関数でなければならない．■

系 5.9 f を領域 D における定数ではない正則関数とする．このとき f が D で零点をもたないならば，$|f(z)|$ は D で最小値をもたない．

証明 仮定の下で $1/f$ は D で正則であるから，これに最大値の定理を適用すれば良い．■

問 **5.6** 関数 $u(x, y) = e^x \cos y$ は $x^2 + y^2 < 1$ で最大値をとらないことを説明せよ．
ヒント：e^z は正則関数．

問 **5.7** $I = \int_0^{2\pi} \log |2 + e^{\theta\boldsymbol{i}}|\, d\theta$ を求めよ．
ヒント：平均値の性質を利用．

系 5.10（シュワルツの補題） f は $|z| < 1$ で正則で $|f(z)| \leqq 1$ かつ $f(0) = 0$ を満たすならば，

$$|f(z)| \leqq |z| \quad (z \in B(0,1)), \qquad |f'(0)| \leqq 1$$

が成立する．さらに上の第1式において等号が1点 $z_0 \neq 0$ で成り立つならば，実数定数 θ を用いて $f(z) = e^{\theta\boldsymbol{i}} z$ と表せる．

証明 $g(z) = f(z)/z$ とおくと，$g(z)$ は $B(0,1) \setminus \{0\}$ で正則である．f は $|z| < 1$ で正則で $f(0) = 0$ なので，f は $f(z) = \sum_{n=1}^{\infty} a_n z^n$, $a_1 = f'(0)$ の形で表せる．よって $f(z)/z = \sum_{n=1}^{\infty} a_n z^{n-1}$ $(0 < |z| < 1)$．この右辺は $z = 0$ で $a_1 = f'(0)$ に等しいので，$g(0) = f'(0)$ とおくと，$g(z)$ は $B(0,1)$ で正則である．$0 < r < 1$ を満たす正の数 r をとると，$|z| \leqq r$ において $g(z)$ の最大値は $|z| = r$ 上でとるので $|g(z)| \leqq \frac{1}{r}$ $(|z| \leqq r)$．r は 1 にいくらでも近くとれるから，$|g(z)| \leqq 1$ $(|z| < 1)$．よって第1式を得た．第2式は $g(0) = f'(0)$ より成り立つ．さらにある z_0 $(0 < |z_0| < 1)$ で $|f(z_0)| = |z_0|$ ならば，$|g(z)|$ は内点 z_0 で最大値 1 をとる．最大値の原理から g は定数関数 $g = c$（ただし $|c| = 1$）となる．■

5.5　複素関数の特異点

本節では，孤立特異点をもつ複素関数に着目する．孤立特異点の近傍での関数の振る舞いを調べる方法としてローラン展開（定理 4.7）があった．孤立特異点 w を中心とする $f(z)$ のローラン展開が

$$\begin{aligned} f(z) &= \sum_{m=-\infty}^{\infty} a_m (z-w)^m \\ &= \sum_{m=1}^{\infty} \frac{a_{-m}}{(z-w)^m} + \sum_{m=0}^{\infty} a_m (z-w)^m \end{aligned}$$

であるとき，最右辺のうち $\sum_{m=1}^{\infty} a_{-m}(z-w)^{-m}$ の部分を，$f(z)$ の w における**主要部**という．主要部の形から w における $f(z)$ の特異性が分類される．

(1)　すべての $m \geqq 1$ に対して $a_{-m} = 0$ のとき，w を**除去可能特異点**という．

(2)　ある自然数 k があって，$a_{-k} \neq 0, a_{-m} = 0 \ (m > k)$ が成立するとき，w を**位数 k の極**または**$\boldsymbol{k}$ 位の極**という．

(3)　$a_{-m} \neq 0$ となる自然数 m が無限個あるとき，w を**真性特異点**という．

例　$f(z) = (\cos z - 1)/z^n \ (n \in \mathbb{N})$ は $0 < |z| < \infty$ で正則である．$f(z)$ の 0 でのローラン展開は

$$\begin{aligned} f(z) &= \frac{1}{z^n}\left\{\left(1 + \sum_{m=1}^{\infty} \frac{(-1)^m z^{2m}}{(2m)!}\right) - 1\right\} \\ &= \sum_{m=1}^{\infty} \frac{(-1)^m z^{2m-n}}{(2m)!} \end{aligned}$$

である．$n = 1, 2$ の場合，主要部は 0 なので，0 は除去可能特異点である．$n \geqq 3$ の場合，主要部は $1/z$ の多項式の形なので，$z = 0$ は $n-2$ 位の極である．

例　$e^{1/z}, \sin(1/z), \cos(1/z)$ に対し，$z = 0$ は真性特異点である．例えば，指数関数のテイラー展開の形から，$e^{1/z}$ の $z = 0$ におけるローラン展開

$$e^{1/z} = \sum_{k=0}^{\infty} \frac{1}{k!} \frac{1}{z^k}$$

を得る．$e^{1/z}$ の主要部は無限級数であるから，0 は $e^{1/z}$ の真性特異点である．

孤立特異点に関する基本的な定理を紹介する．リーマンの除去可能特異点定理から始めよう．

定理 5.11（リーマンの除去可能特異点定理） w は領域 D の点とし，f は $D \setminus \{w\}$ で正則で，かつ w のある近傍で有界であるとする．このとき f は D に正則関数として拡張できる．すなわち極限値 $\alpha = \lim_{z \to w} f(z)$ が存在し

$$\widetilde{f}(z) = \begin{cases} f(z) & (z \in D \setminus \{w\}) \\ \alpha & (z = w) \end{cases}$$

は D で正則関数となる．

証明 定理 4.7（ローラン展開）によりある $\delta > 0$ があって f は

$$f(z) = \sum_{m \in \mathbb{Z}} a_m (z-w)^m \quad (0 < |z-w| < \delta)$$

の形の収束級数で表される．ここで係数 a_m は次のように表せる．

$$a_m = \frac{1}{2\pi \boldsymbol{i}} \int_{C(\epsilon)} \frac{f(\zeta)}{(\zeta - w)^{m+1}} \, d\zeta, \quad C(\epsilon)\colon \zeta(t) = w + \epsilon e^{t\boldsymbol{i}} \ (0 \leqq t \leqq 2\pi)$$

ここで $\epsilon \in (0, \delta)$ である．f の有界性によりある $M > 0$ および w の近傍 D' があって $|f(\zeta)| \leqq M$ $(\zeta \in D', \zeta \neq w)$ となる．$m \leqq -1$ の m に対して a_m を評価する．

$$\begin{aligned} |a_m| &= \left| \frac{1}{2\pi} \int_0^{2\pi} \frac{f(\zeta(t))}{(\zeta(t) - w)^{m+1}} \zeta'(t) \, dt \right| \\ &= \frac{1}{2\pi} \left| \int_0^{2\pi} \frac{f(w + \epsilon e^{t\boldsymbol{i}})}{(\epsilon e^{t\boldsymbol{i}})^{m+1}} \epsilon \boldsymbol{i} e^{t\boldsymbol{i}} \, dt \right| \\ &\leqq \frac{1}{2\pi} \int_0^{2\pi} |f(w + \epsilon e^{t\boldsymbol{i}})| \, \epsilon^{-m} \, dt \\ &\leqq M\epsilon^{-m} \to 0 \quad (\epsilon \downarrow 0, \ m \leqq -1) \end{aligned}$$

よって $a_{-m}=0\ (m=1,2,\ldots)$ である．f は w の近傍において通常の収束ベキ級数として表現できることになり $\alpha=a_0$ として正則関数 $\widetilde{f}$ が確定する．■

上記の定理で f の条件を緩めた，ある正定数 C_1, C_2 が存在し

$$|f(z)| \leqq C_1 |z-w|^{-\beta} + C_2 \quad (z\in D,\ z\neq w,\ \beta<1)$$

が成立するというような仮定でも同様の議論で同じ結論を得ることができる．

問 5.8　$\mathbb{C}\setminus\{0\}$ における正則関数 $f(z)=(e^z-1)/z$ は $\mathbb{C}$ で正則な関数に拡張できることを説明せよ．

零点と極の位数　領域 D およびその上の正則関数 $f\ (\not\equiv 0)$ があるとする．いま点 $w\in D$ が f の零点であるとするとき，D で正則な関数 g と正整数 n が一意にあって

$$f(z)=(z-w)^n g(z)\ (z\in D),\quad g(w)\neq 0$$

と表せる．このような n を f の**零点の位数**といい，w を $\boldsymbol{n}$ **位の零点**という．以上の事実は定理 4.5 などから従う．

もし関数 f が点 w で m 位の零点（極）をもつならば，$1/f$ は点 w で m 位の極（零点）をもつ．さらに f の極を調べる際，次の定理は有用である．

定理 5.12　複素関数 f は $B(w,R)\setminus\{w\}$ で正則とする．点 w が f の極であるための必要十分条件は

$$\lim_{z\to w}|f(z)|=+\infty$$

が成立することである．

証明　f は点 w で m 位の極をもつとすると，$f(z)$ を次の形で表せる．

$$f(z)=\frac{a_{-m}}{(z-w)^m}+\cdots+\frac{a_{-1}}{z-w}+a_0+a_1(z-w)+\cdots\ (a_{-m}\neq 0)$$

$g(z)=(z-w)^m f(z)=\sum_{k=0}^{\infty}a_{-m+k}(z-w)^k$ とおくと，g は点 w の近傍で正則かつ $g(w)=a_{-m}\neq 0$ である．$f(z)=g(z)/(z-w)^m$ であるので，$\lim_{z\to w}1/|z-w|=+\infty$ かつ $|g(w)|>0$ であるから $\lim_{z\to w}|f(z)|=+\infty$ が成り立つ．

逆に，$\lim_{z\to w}|f(z)|=+\infty$ とすると $\lim_{z\to w}1/|f(z)|=0$ が従い，これは

$$\lim_{z \to w} \frac{1}{f(z)} = 0$$

と同値．$0 < \delta < R$ を満たす δ を小さくとれば，$B(w, \delta) \setminus \{w\}$ 上で $1/f$ は有界であることがわかる．定理 5.11 より点 w は $1/f$ の除去可能特異点である．$(1/f)(w) = \lim_{z \to w}(1/f(z)) = 0$ から点 w は $1/f$ の零点であることがわかり，点 w は f の極である．■

次にワイエルシュトラスの定理を紹介しよう．

定理 5.13（**ワイエルシュトラスの定理**） 複素関数 f は $B(w, R) \setminus \{w\}$ で正則で，点 w は f の真性特異点であるとする．このとき，任意の複素数 α に対して，点 w に収束するある点列 $\{z_n\}$ $(z_n \neq w)$ が存在して，

$$\lim_{n \to \infty} f(z_n) = \alpha$$

が成立する．

証明 定理の主張が成立しないとすると，ある複素数 β と，正数 δ $(< R)$ と ϵ が存在して，$0 < |z - w| < \delta$ で，$|f(z) - \beta| \geqq \epsilon > 0$ が成立する．$g(z) = 1/(f(z) - \beta)$ とおくと，$g(z)$ は $B(w, \delta) \setminus \{w\}$ で正則である．さらに $|g(z)| \leqq 1/\epsilon$ が成立するので，有界である．よって定理 5.11 により w は除去可能特異点で $\lim_{z \to w} g(z) = c$ が存在する．もし $c \neq 0$ ならば，$f(z) = 1/g(z) + \beta$ は w で正則である．もし $c = 0$ ならば，w は f の極である．どちらの場合も w は f の真性特異点ではない．■

問 5.9 $f(z) = e^{1/z}$ に対し，次を満たす点列 $\{z_n\}$ の例をそれぞれあげよ．

(1) $\lim_{n \to \infty} |f(z_n)| = +\infty$　(2) $\lim_{n \to \infty} f(z_n) = 0$　(3) $\lim_{n \to \infty} f(z_n) = 1$

問 5.10 次の関数の特異点とその種類を答えよ．

(1) $\dfrac{z^3 + 1}{z^5 - z^3}$　(2) $\dfrac{e^{z^2} - 1}{z^3}$　(3) $e^{z + \frac{1}{z}}$　(4) $\dfrac{\sin(\pi z)}{z^3 - z}$　(5) $\tan z$

5.6 偏角の原理とルーシェの定理

留数定理，コーシーの積分定理の応用として，偏角の定理とルーシェの定理を学ぶ．これらは代数方程式の解の個数を調べる際に役立つ．

有理型関数 領域 D において複素関数 $f(z)$ が（有限個または無限個の）極を除いて正則であるとき，$f(z)$ は D で**有理型**，あるいは D 上**有理型関数**であるという．正則関数なら有理型関数である．また有理関数 $f(z) = Q(z)/P(z)$ （$Q(z), P(z)$ は多項式）は $\mathbb{C}$ 上有限個の極を除いて正則であるから $\mathbb{C}$ 上有理型関数である．

例 $1/\sin z$ の分母が 0 になるのは $z = n\pi$ $(n \in \mathbb{Z})$ で，点 $n\pi$ $(n \in \mathbb{Z})$ は極であるから $1/\sin z$ は $\mathbb{C}$ 上有理型関数である．

問 5.11 複素関数 f と g が領域 D 上の有理型関数ならば，$f+g$, fg, $1/f$（ただし $f \not\equiv 0$）はいずれも D 上の有理型関数となることを示せ．

定理 5.14（偏角の原理） D を区分的 C^1 級の単一閉曲線で囲まれた領域とし，D の境界 ∂D には反時計回りの向きが付いているとする．複素関数 f は閉領域 $\overline{D}$ を含むある領域 Ω で有理型関数であり，∂D 上で零点および極をもたないとする．このとき

$$\frac{1}{2\pi \boldsymbol{i}} \int_{\partial D} \frac{f'(z)}{f(z)}\, dz = N - P$$

が成立する．ただし N, P はそれぞれ $f(z)$ の D 内にある零点，極の総数（点ごとの位数の合計）を表す．

証明 $f'(z)/f(z)$ は Ω 上有理型で，$f'(z)/f(z)$ の極は $f(z)$ の零点，極である．点 a が $f(z)$ の n 位の零点であるとき，点 a の近傍で正則な関数 $\varphi(z)$ により，$f(z) = (z-a)^n \varphi(z)$, $\varphi(a) \neq 0$ と表せる．このとき

$$\frac{f'(z)}{f(z)} = \frac{n(z-a)^{n-1}\varphi(z) + (z-a)^n \varphi'(z)}{(z-a)^n \varphi(z)} = \frac{n}{z-a} + \frac{\varphi'(z)}{\varphi(z)}$$

$\varphi'(z)/\varphi(z)$ は点 a の近傍上正則なので，点 a は $f'(z)/f(z)$ の 1 位の極であり，$\mathrm{Res}\big(f'/f, a\big) = n$．同様に点 b が $f(z)$ の m 位の極であるとき，点 b は $f'(z)/f(z)$ の 1 位の極で，$\mathrm{Res}\big(f'/f, b\big) = -m$ を示せる．あとは，定理 4.8

(留数定理) を用いて定理の結論を得る. ■

定理 5.15 (ルーシェの定理) D を区分的 C^1 級の単一閉曲線で囲まれた領域とし, D の境界 ∂D には反時計回りの向きが付いているとする. 複素関数 $f(z)$, $g(z)$ は閉領域 $\overline{D}$ を含むある領域 Ω で正則で, $|f(z)| > |g(z)|$ $(z \in \partial D)$ が成り立つならば, $f(z)$ と $f(z)+g(z)$ の D 内の零点の総数は等しい.

証明 $|f(z)| > |g(z)| \geqq 0$ より ∂D 上 $f(z) \neq 0$ である. また $|f(z)+g(z)| \geqq |f(z)| - |g(z)| > 0$ より ∂D 上 $f(z)+g(z) \neq 0$ もわかる. $h(z) = 1 + g(z)/f(z)$ とおくと, $|h(z)-1| = |g(z)|/|f(z)| < 1$ $(z \in \partial D)$ が成立する. よって $w = h(z)$ による ∂D の像曲線 $h(\partial D)$ が円板 $B(1,1)$ の中に含まれる. 関数 $1/w$ は $B(1,1)$ で正則なので, 定理 4.1 (コーシーの積分定理) より $\int_{h(\partial D)} (1/w)\,dw = 0$. さらに $w = h(z)$ とおけば, 変数変換により $\int_{\partial D} h'(z)/h(z)\,dz = 0$. また $f+g = fh$ の両辺を微分することにより

$$\frac{h'(z)}{h(z)} = \frac{f'(z)+g'(z)}{f(z)+g(z)} - \frac{f'(z)}{f(z)}$$

を得る. これから

$$\frac{1}{2\pi \boldsymbol{i}} \int_{\partial D} \frac{f'(z)+g'(z)}{f(z)+g(z)}\,dz = \frac{1}{2\pi \boldsymbol{i}} \int_{\partial D} \frac{f'(z)}{f(z)}\,dz$$

が成り立ち, 偏角の原理から結論が示される. ■

例 ルーシェの定理を適用して, 方程式 $z^7+z^5+7z^3+z+1=0$ の $B(0,1)$ での解の個数を計算する. 例えば $f(z) = 7z^3$, $g(z) = z^7+z^5+z+1$ とおくと, f と g は $\mathbb{C}$ で正則である. また $|z| = 1$ のとき $|f(z)| = 7$, $|g(z)| \leqq |z|^7 + |z|^5 + |z| + 1 = 4$ が成立するので, f は $|z| = 1$ 上に零点をもたず, $|g(z)| < |f(z)|$ を満たす. よってルーシェの定理により $|z| < 1$ において, $f(z)$ と $f(z)+g(z)$ の零点の個数は等しい. $f(z)$ は重複を込めて 3 個の零点をもつので, 方程式の解の個数は $|z| < 1$ の範囲では重複を込めて 3 つである.

問 5.12 方程式 $z + e^{-z-2} = 0$ は $|z| < 1$ において唯 1 つの解をもつことを示せ.

演習問題

5.1 $\mathbb{C}$ で正則な関数 $f(z)$ があると仮定する．

(1) もし $\mathrm{Im}(f(z))$ が $\mathbb{C}$ で定数関数ならば f は定数関数となることを示せ．
ヒント：$f'(z)=0$ を示す．

(2) もし $\mathrm{Re}(f(z))$ が $\mathbb{C}$ で定数関数ならば f は定数関数であることを示せ．

(3) もしある $\alpha,\beta\in\mathbb{C}$（ただし $\alpha\neq 0$ または $\beta\neq 0$）に対して $\alpha\,\mathrm{Re}(f(z))+\beta\,\mathrm{Im}(f(z))$ が定数関数ならば f は定数関数であることを示せ．

5.2 $\mathbb{R}^2$ 上の関数 v を $v(x,y)=x^2+y^2$ により定義する．この $v(x,y)$ を虚部とする正則関数 $f(z)$ $(z=x+y\boldsymbol{i})$ は存在するか．

5.3 (1) $u(x,y)=x^3-3xy^2$ は調和関数であることを示し，$u(x,y)$ を実部にもつ正則関数を 1 つ求めよ．

(2) $u(x,y)=e^x(x\cos y-y\sin y)$ は調和関数であることを示し，$u(x,y)$ を実部にもつ正則関数を 1 つ求めよ．

5.4 $\mathbb{C}$ で正則な関数 $f(z)$ があるとき，複素関数 $f^*(z)=\overline{f(\overline{z})}$ は $\mathbb{C}$ で正則になることをコーシー・リーマン方程式を用いて示せ．

5.5 $\mathbb{C}\setminus\{0\}$ 上で正則な関数 $f(z)$ で，ある正数 c が存在して

$$|f(z)|\leqq\frac{c}{|z|}\quad(z\in\mathbb{C}\setminus\{0\})$$

となるものを考える．このような条件を満たす $f(z)$ をすべて求めよ．

5.6 点 a を複素関数 $f(z)$ の孤立特異点とし，m は自然数とする．このとき次の (i), (ii), (iii) は互いに同値であることを示せ．

(i) 点 a は f の位数 m の極である．

(ii) 極限 $\displaystyle\lim_{z\to a}(z-a)^m f(z)$ が 0 以外の有限の値に収束する．

(iii) 点 a のある近傍 U で正則な関数 g があって，$f(z)=g(z)/(z-a)^m$ $(z\in U)$, $g(a)\neq 0$ と表せる．

5.7 方程式 $z^4+2z^3+3z^2+4z+5=0$ が複素数の解をもつことをルーシェの定理を用いて示せ．

5.8 f は点 a の近傍で有理型関数とする．いま $\nu_a(f)$ を以下のように定める．$f\equiv 0$ ならば $\nu_a(f)=+\infty$，f が 0 でない定数関数ならば $\nu_a(f)=0$，f が a で k 位の零点をもつならば $\nu_a(f)=k$，f が点 a で k 位の極をもつならば $\nu_a(f)=-k$ とする．f と g は領域 D で有理型関数，$a\in D$ のとき次を示せ．

(1) $\nu_a(fg) = \nu_a(f) + \nu_a(g)$

(2) $f \not\equiv 0 \Longrightarrow \nu_a(1/f) = -\nu_a(f)$

(3) $\nu_a(f+g) \geqq \min(\nu_a(f), \nu_a(g))$

付録 A
補足 (Appendix)

この章では本書における議論や証明，計算で出てくる知識等を補充する．解析学の出発点となる実数の基礎付けおよび数列の収束に関しては重要なので最初に整理した．また，複素関数論で重要となる級数や M テストも汎用性がある形で記述した．証明まで込めて理解したい人は黒田[5]，笠原[4]，溝畑 [13]，杉浦 [12] などを参考にせよ．

A.1 ℝ の 性 質

本節では実数の集合 $\mathbb{R}$ の性質を整理する．$\mathbb{R}$ は次の 3 つの基本的条件で特徴付けられる．

(i)　四則演算の存在
(ii)　順序の構造（等号，不等号）
(iii)　連続性の公理

(i), (ii) は大学以前の数学でも学ぶので既知とする．以下で $\mathbb{R}$ の部分集合や数列などの基礎事項を述べたあと (iii) を説明する．

定義（収束） 実数列 $\{a_n\}_{n=1}^{\infty}$ が実数 a に**収束する**とは，次の条件が成立することである．
(条件)　『任意の $\epsilon > 0$ に対し，番号 N があって，$m \geqq N \Longrightarrow |a_m - a| < \epsilon$ が成立する』

この内容を $\displaystyle\lim_{n\to\infty} a_n = a$ と表す．通常，$n \to \infty$ のとき a_n が a に限りなく近づく，といっている文言の中身はこれである．

定義（有界性） 集合 $E \subset \mathbb{R}$ が**上に有界**であるとは，ある実数 ξ が存在して

$$x \leqq \xi \qquad (x \in E)$$

となることである．このような性質が成り立つとき ξ は E の**上界**であるという．また E が**下に有界**であるとは，ある η があって

$$x \geqq \eta \qquad (x \in E)$$

となることである．このような性質が成り立つとき η は E の**下界**であるという．また集合が**有界**であるとは上に有界かつ下に有界であることである．

また実数列 $\{a_n\}_{n=1}^{\infty}$ についても集合と見なして，上に有界，下に有界，有界の用語を用いる．

定義（**単調列**）実数列 $\{a_n\}_{n=1}^{\infty}$ が**単調増加**であるとは $a_{n+1} \geqq a_n$ $(n \in \mathbb{N})$ となることである．$\{a_n\}_{n=1}^{\infty}$ が**単調減少**であるとは $a_{n+1} \leqq a_n$ $(n \in \mathbb{N})$ となることである．

さて $\mathbb{R}$ の連続性の公理 **(iii)** を次の形で述べよう．

定義（**アルキメデス性**）$\mathbb{R}$ がもつ自然な性質として以下を定めよう．任意の正の数 $a, b \in \mathbb{R}$ に対して，ある $n \in \mathbb{N}$ があり $na > b$ となる．

注意　アルキメデス性から $\lim_{n\to\infty}(1/n) = 0$ が従う．なぜなら任意の $\epsilon > 0$ に対して $N \in \mathbb{N}$ が存在して $N > 1/\epsilon$ が成り立ち，$n \geqq N$ なるすべての $n \in \mathbb{N}$ に対して $0 < (1/n) \leqq (1/N) < \epsilon$ となるからである．また $n \in \mathbb{N}$ に対して $2^n > n$ を用いれば $\lim_{n\to\infty}(1/2^n) = 0$ も成立する．

(iii)（**実数の連続性の公理**）　$\mathbb{R}$ はアルキメデス性をもつ．さらに任意の単調増加かつ有界な実数列は $\mathbb{R}$ の中で極限値をもつ（すなわち収束する）．

注意　上の公理において“単調増加列”を“単調減少列”に置き換えても同値の公理となる．

実数の連続性の重要な帰結である上限定理を述べる．

定理 A.1（**上限定理**）$\mathbb{R}$ の空でない部分集合 E が上に有界とする．このとき，次のような条件を満たす実数 a がただ1つ存在する．

(i)　$a \geqq x$ $(x \in E)$,

(ii)　任意の $\epsilon > 0$ に対し，ある $y \in E$ があって，$y > a - \epsilon$ となる．

定義（**上限**）上に有界な集合 E に対して，上限定理で与えられる a を用いて

$\sup E = a$ とおき，集合 E の**上限**という．もし E が上に有界でない場合は $\sup E = \infty$ と定めることで，$\mathbb{R}$ の空でないすべての部分集合 E に対して $\sup E$ が定まる．

E にもし最大値が存在すれば $\sup E = \max E$ となる．上の議論で不等号の向きを反転させて下限を定めることができる．

系 A.2 $\mathbb{R}$ の空でない部分集合 F が下に有界とする．このとき，次のような条件を満たす実数 b がただ 1 つ存在する．

(i) $b \leqq x\,(x \in F)$,

(ii) 任意の $\epsilon > 0$ に対し，ある $z \in F$ があって，$z < b + \epsilon$ となる．

定義（**下限**）集合 F が下に有界な場合，上の系により $\inf F = b$ とおく．下に有界でない場合は $\inf F = -\infty$ と定める．

F にもし最小値が存在すれば $\inf F = \min F$ となる．

次の性質は定義からすぐに従う．空でない 2 つの集合 $E, F \subset \mathbb{R}$ に対して $E \subset F$ ならば，以下が成立する．

$$\sup E \leqq \sup F, \qquad \inf E \geqq \inf F$$

関数の有界性　関数が，**上に有界**，**下に有界**，あるいは**有界**であるとは，その関数の値域が，それぞれ，上に有界，下に有界，有界であることと定める．

集合 X における実数値関数 f に対して

$$\sup_{x \in X} f(x) = \sup\{f(x) \mid x \in X\}, \qquad \inf_{x \in X} f(x) = \inf\{f(x) \mid x \in X\}$$

と定義する．f がもし X で最大値，最小値をとるときは次が成立する．

$$\sup_{x \in X} f(x) = \max_{x \in X} f(x), \qquad \inf_{x \in X} f(x) = \min_{x \in X} f(x)$$

命題 A.3 集合 X における有界な実数値関数 f, g に対して，$f(x) \leqq g(x)$ $(x \in X)$ ならば，次の関係が成立する．

$$\sup_{x \in X} f(x) \leqq \sup_{x \in X} g(x), \quad \inf_{x \in X} f(x) \leqq \inf_{x \in X} g(x)$$

命題 A.4 集合 X 上の有界な実数値関数 f, g に対し，次の関係が成立する．

$$\sup_{x \in X}\,(f(x) + g(x)) \leqq \sup_{x \in X} f(x) + \sup_{x \in X} g(x)$$
$$\inf_{x \in X}\,(f(x) + g(x)) \geqq \inf_{x \in X} f(x) + \inf_{x \in X} g(x)$$

定義 （**上極限，下極限**） 実数列 $\{a_n\}_{n=1}^{\infty}$ に対して次のように定める．

$$\limsup_{n\to\infty} a_n = \lim_{n\to\infty}\left(\sup_{k\geqq n} a_k\right),\quad \liminf_{n\to\infty} a_n = \lim_{n\to\infty}\left(\inf_{k\geqq n} a_k\right)$$

任意の実数列 $\{a_n\}_{n=1}^{\infty}$ に対して

$$\limsup_{n\to\infty} a_n \geqq \liminf_{n\to\infty} a_n,\quad \limsup_{n\to\infty}(-a_n) = -\liminf_{n\to\infty} a_n$$

となることは定義からすぐ従う．上極限や下極限は $\pm\infty$ を許せばいつも確定するので便利である．

命題 A.5 実数列 $\{a_n\}_{n=1}^{\infty}$ に対してもし

$$\limsup_{n\to\infty} a_n = \liminf_{n\to\infty} a_n \quad （この値を \gamma とおく）$$

となるなら $\lim_{n\to\infty} a_n$ が存在して，その値は上記の γ になる．

定理 A.6 （**ボルツァーノ・ワイエルシュトラスの定理**） 有界な実数列 $\{a_n\}_{n=1}^{\infty}$ に対して，ある部分列は収束する．すなわち自然数の増大列 $n(1) < n(2) < \cdots < n(m) < \cdots$ および実数 a が存在して $\lim_{m\to\infty} a_{n(m)} = a$ となる．

証明 $E_m = \{a_k \mid k \geqq m\}$, $b_m = \sup E_m$ とおくとき $\{b_m\}$ は有界な単調減少数列となるので極限値 β をもつ．すなわち $\lim_{m\to\infty} b_m = \beta$. b_m は E_m の上限なので各 m に対して番号 $p(m)$ があって

$$p(m) \geqq m, \qquad b_m - \frac{1}{m} < a_{p(m)} \leqq b_m$$

がある．$\lim_{m\to\infty} p(m) = \infty$ である．そこで $p(m)$ を小さい順番に並べ重複するものを除いて番号を付け替えたものを新たに $q(m)$ とおくと $\lim_{m\to\infty} a_{q(m)} = \beta$ となる．■

ボルツァーノ・ワイエルシュトラスの定理から従う汎用性のある命題を述べておこう．

命題 A.7 $\mathbb{R}$ の空でない有界閉区間の単調減少列 $I_1 \supset I_2 \supset I_3 \supset \cdots$ に対して $I := \bigcap_{m=1}^{\infty} I_m$ は空集合とならない．さらに $\lim_{m\to\infty} \mathrm{Diam}(I_m) = 0$ ならば I はちょうど 1 点からなる集合となる．

定義 （**コーシー列**） 数列 $\{a_n\}_{n=1}^{\infty}$ がコーシー列であるとは，次の条件が成立することである．

（条件）　『任意の $\epsilon > 0$ に対し，番号 N があって，$m, n \geqq N \Longrightarrow |a_m - a_n| < \epsilon$ が成立する』

簡単にわかることは $\{a_n\}_{n=1}^{\infty}$ が収束列であればコーシー列となることである．実は $\mathbb{R}$ ではこの逆が成立する．

定理 A.8（$\mathbb{R}$ の完備性）　実数列 $\{a_n\}_{n=1}^{\infty}$ がコーシー列であるならば収束する．すなわち，ある $a \in \mathbb{R}$ があって $\lim_{n\to\infty} a_n = a$ となる．

多次元ユークリッド空間 $\mathbb{R}^n$ の距離，位相などについては $\mathbb{R}$ の性質を基盤にして多変数化して確立することができる．

関数の連続性と一様連続性

定義　区間 I における関数 f が**連続関数**であるとは，任意の $x_0 \in I$ および任意の $\epsilon > 0$ に対して，ある $\delta = \delta(x_0, \epsilon) > 0$ があって

$$x \in I,\ |x - x_0| < \delta(x_0, \epsilon) \Longrightarrow |f(x) - f(x_0)| < \epsilon$$

とできることである．また**一様連続関数**であるとは上の条件にある $\delta(x_0, \epsilon)$ が x_0 に依存しないようにとれることである．

定理 A.9　有界閉区間 I における連続関数は一様連続である．

関数の一様収束と sup

定義　集合 D における関数の列 $\{f_n(x)\}_{n=1}^{\infty}$ が関数 $f(x)$ に**一様収束する**とは，任意の $\epsilon > 0$ に対して，ある $N(\epsilon) \in \mathbb{N}$ があり，次の条件が成り立つことである．

$$n \geqq N(\epsilon) \implies |f_n(x) - f(x)| < \epsilon \quad (x \in D)$$

命題 A.10　集合 D における関数の列 $\{f_n(x)\}_{n=1}^{\infty}$ が関数 $f(x)$ に一様収束することと次の条件は同値である．

$$\lim_{n\to\infty} \sup_{x\in D} |f_n(x) - f(x)| = 0$$

A.2　絶対収束級数の性質

以下複素数の項をもつ級数 $z_1 + z_2 + \cdots + z_n + \cdots$ を扱う．

定義　級数 $\sum_{n=1}^{\infty} a_n$ が**絶対収束する**とは $\sum_{n=1}^{\infty} |a_n| < \infty$ となることである．

定理 A.11　級数 $\sum_{n=1}^{\infty} a_n$ は絶対収束するならば収束する[†]．また，この級数は和の順番を任意に変えても総和は同じである．

証明　まず部分和 $S_n = a_1 + a_2 + \cdots + a_n$ が $n \to \infty$ のとき有限確定値に収束することを示す．$b_n = \mathrm{Re}(a_n)$, $c_n = \mathrm{Im}(a_n)$ とおき，さらに

$$\begin{aligned} b_n^{+} &= \max(a_n, 0), \quad b_n^{-} = \max(-a_n, 0) \\ c_n^{+} &= \max(c_n, 0), \quad c_n^{-} = \max(-c_n, 0) \end{aligned}$$

と定める．このとき $a_n = b_n + c_n \boldsymbol{i}$, $b_n = b_n^{+} - b_n^{-}$, $c_n = c_n^{+} - c_n^{-}$ となる．また

$$0 \leqq b_n^{+} \leqq |a_n|, \quad 0 \leqq b_n^{-} \leqq |a_n|, \quad 0 \leqq c_n^{+} \leqq |a_n|, \quad 0 \leqq c_n^{-} \leqq |a_n|$$

これにより $\sum_{n=1}^{\infty} b_n^{+} < \infty$, $\sum_{n=1}^{\infty} b_n^{-} < \infty$, $\sum_{n=1}^{\infty} c_n^{+} < \infty$, $\sum_{n=1}^{\infty} c_n^{-} < \infty$ となる．これらを用いて

$$S_n = \sum_{k=1}^{n} b_k^{+} - \sum_{k=1}^{n} b_k^{-} + \left(\sum_{k=1}^{n} c_k^{+} - \sum_{k=1}^{n} c_k^{-} \right) \boldsymbol{i}$$

が $n \to \infty$ のとき極限値をもつ．

次に後半の主張を示すために級数の和の順番を変えるということを定式化しておく．級数 $\sum_{n=1}^{\infty} a_n$ に対して，全単射 $\sigma \colon \mathbb{N} \longrightarrow \mathbb{N}$ を与えて，級数 $\sum_{n=1}^{\infty} a_{\sigma(n)}$ を元の級数の和の順番を変えたものという．

任意に $m \in \mathbb{N}$ をとり

$$\sum_{n=1}^{m} |a_{\sigma(n)}| \leqq \sum_{n=1}^{\infty} |a_n| < \infty$$

となるから $m \to \infty$ として $\sum_{n=1}^{\infty} |a_{\sigma(n)}| < \infty$ を得る．よって級数 $\sum_{n=1}^{\infty} a_{\sigma(n)}$ は絶対収束となる．前と同じように $a_n = b_n^{+} - b_n^{-} + (c_n^{+} - c_n^{-}) \boldsymbol{i}$ の分解をしておいて

$$\sum_{n=1}^{\infty} b_{\sigma(n)}^{+} = \sum_{n=1}^{\infty} b_n$$

を検証する．まず任意の $m \in \mathbb{N}$ をとる．各項が非負であるから

$$\sum_{n=1}^{m} b_{\sigma(n)}^{+} \leqq \sum_{n=1}^{\infty} b_n^{+}, \quad \sum_{n=1}^{m} b_n^{+} \leqq \sum_{n=1}^{\infty} b_{\sigma(n)}^{+}$$

$m \to \infty$ として両側の不等式が成立する．同様に

$$\sum_{n=1}^{\infty} b_{\sigma(n)}^{-} = \sum_{n=1}^{\infty} b_n^{-}, \quad \sum_{n=1}^{\infty} c_{\sigma(n)}^{+} = \sum_{n=1}^{\infty} c_n^{+}, \quad \sum_{n=1}^{\infty} c_{\sigma(n)}^{-} = \sum_{n=1}^{\infty} c_n^{-}$$

[†] これで絶対収束という用語が正当化される．

も議論できる．これにより次の結論を得る．

$$\sum_{n=1}^{\infty} a_{\sigma(n)} = \sum_{n=1}^{\infty} a_n \quad ■$$

関数項級数に対するワイエルシュトラスの M テスト　ここでは関数項級数（特にベキ級数）の一様収束を判定する際に有用なワイエルシュトラスの方法を紹介する．

X を集合とする．X 上の関数列 $f_n = f_n(x)$ $(n \in \mathbb{N})$ があるとする．これらは複素数値であるとする．関数項級数 $\sum_{n=1}^{\infty} f_n(x)$ を考える．この関数項級数が一様収束するための十分条件を 1 つ与える．

定理 A.12（ワイエルシュトラスの M テスト）上の状況において以下が成立する．実数列 $\{M_n\}_{n=1}^{\infty}$ が存在して次の条件 (i), (ii) を満たすと仮定する．

(i)　$M_n \geqq 0, \sum_{n=1}^{\infty} M_n < \infty,$

(ii)　$|f_n(x)| \leqq M_n \quad (x \in X,\ n \geqq 1)$

このとき，関数項級数 $\sum_{n=1}^{\infty} f_n(x)$ は X において一様収束する．

証明　$S_n(x) = \sum_{k=1}^{n} f_k(x)$ とおく．このとき $m > n \geqq 1$ として

$$|S_m(x) - S_n(x)| \leqq \sum_{k=n+1}^{m} M_k$$

ここで $\sum_{n=1}^{\infty} M_n < \infty$ であるから，任意の $\epsilon > 0$ に対して $n_0(\epsilon) \in \mathbb{N}$ があって

$$m, n \in \mathbb{N},\ n_0(\epsilon) \leqq n < m \implies \sum_{k=n+1}^{m} M_k < \epsilon$$

となる．よって $|S_m(x) - S_n(x)| < \epsilon$ が従う．これより $\{S_n(x)\}_{n=1}^{\infty}$ は $\mathbb{R}$ のコーシー列となり極限をもつ．それを $S(x)$ と書くことで $S(x) = \lim_{n\to\infty} S_n(x)$ となる．また

$$|S(x) - S_n(x)| \leqq \epsilon \quad (n \geqq n(\epsilon))$$

となる．$n(\epsilon)$ は x に依存しないから収束は一様となる．■

補足　定理 A.12 において X が位相空間で（例えば $\mathbb{R}^n$ の部分集合など），各 f_n が X 上の連続関数ならば無限級数 $S(x)$ も X 上で連続となる．神保・本多[3] 命題 2.19 を参照．

M テストを適用する際には収束に関して既知の級数を比較のために用いるがそれらの例をあげておく．

代表的級数

$$\sum_{n=1}^{\infty} \frac{n^{\beta}}{(1+\alpha)^n} < \infty \quad (\alpha > 0,\ \beta > 0), \quad \sum_{n=1}^{\infty} \frac{\alpha^n}{n!} < \infty \quad (\alpha > 0)$$

$$\sum_{n=1}^{\infty} \frac{(\log n)^{\beta}}{n^{1+\alpha}} < \infty \quad (\alpha > 0,\ \beta > 0), \quad \sum_{n=1}^{\infty} \frac{1}{n} = \infty$$

二重級数の収束について　2つの番号 m, n をもつ数列 $\{a_{m,n}\}_{m,n=1}^{\infty}$ による級数 $\sum_{m,n=1}^{\infty} a_{m,n}$ を扱う．

$\mathbb{N}^2 = \mathbb{N} \times \mathbb{N}$ の有限部分集合の単調列

$$(*) \qquad E_1 \subset E_2 \subset \cdots \subset E_p \subset \cdots, \quad \bigcup_{p=1}^{\infty} E_p = \mathbb{N}^2$$

をとり二重級数の部分和

$$S_p = \sum_{(m,n)\in E_p} a_{m,n}$$

を定めて $p \to \infty$ のとき S_p が数列として有限値 S に収束するとき二重級数は和をもつと定める．この方式だと級数が和をもったとしても，一般に E_p の増加列のとり方に和 S は依存する．よって級数の和は $\{E_p\}$ のとり方を指定して述べる必要がある．このことは，通常の級数でも番号付けを変えると和の値が変わることがあるので不思議なことではない．しかし絶対収束に相当する場合にはとり方には依存しないことがいえる．これを以下で主張する．

まず正項級数すなわちすべての項がゼロ以上の実数の場合を扱う．

定理 A.13　任意の m, n に対し $a_{m,n} \geqq 0$ を仮定する．このとき $(*)$ を満たす $\mathbb{N}^2$ の有限部分集合の列 $\{E_p\}_{p=1}^{\infty}$ に対して

$$\lim_{p\to\infty} \sum_{(m,n)\in E_p} a_{m,n} = \sum_{m=1}^{\infty} \left(\sum_{n=1}^{\infty} a_{m,n} \right) = \sum_{n=1}^{\infty} \left(\sum_{m=1}^{\infty} a_{m,n} \right)$$

注意　3つの項のどれかが $+\infty$ の場合もあるがその場合も成立する．このケース（正項級数）では和は $\{E_p\}$ のとり方に依存しないことがわかる．よって，上の共通の値は

$$\lim_{N\to\infty} \sum_{m=1}^{N} \sum_{n=1}^{N} a_{m,n}$$

とも書ける†.

一般の符号の級数や複素数値の級数の場合はどうであろうか．もちろん無条件では同じことは成立しないが，絶対収束の場合は次の命題の通り無限和のとり方によらない．

定理 A.14　二重数列 $a_{m,n} \in \mathbb{C}$ に対して

$$\text{(i)} \quad \sum_{m=1}^{\infty}\left(\sum_{n=1}^{\infty}|a_{m,n}|\right) < \infty, \qquad \text{(ii)} \quad \sum_{n=1}^{\infty}\left(\sum_{m=1}^{\infty}|a_{m,n}|\right) < \infty$$

の一方を仮定する（前定理より他方も成立する）．このとき $(*)$ を満たす任意の $\mathbb{N}^2$ の有限部分集合の列 $\{E_p\}_{p=1}^{\infty}$ に対して $\lim_{p\to\infty} \sum_{(m,n)\in E_p} a_{m,n}$ は存在し，その値は次の共通の値に一致する．

$$\sum_{m=1}^{\infty}\left(\sum_{n=1}^{\infty}a_{m,n}\right) = \sum_{n=1}^{\infty}\left(\sum_{m=1}^{\infty}a_{m,n}\right)$$

以上で述べた事柄は微分積分学の基礎で様々な解析分野の議論で頻出する．本書でも必要となったため整理しておいた．

A.3　命題 3.9 の証明，命題 3.12 の証明の概要

1.　命題 3.9 の弧の長さに関する公式を扱う．

区間 $[a,b]$ の分割 Δ: $a = \tau_0 \leqq \tau_1 \leqq \tau_2 \leqq \cdots \leqq \tau_{p-1} \leqq \tau_p = b$ を任意にとる．このとき

$$\begin{aligned}\ell(C,\Delta) &= \sum_{j=1}^{p}|\zeta(\tau_j)-\zeta(\tau_{j-1})| = \sum_{j=1}^{p}\left|\int_{\tau_{j-1}}^{\tau_j}\zeta'(t)\,dt\right| \\ &\leqq \sum_{j=1}^{p}\int_{\tau_{j-1}}^{\tau_j}|\zeta'(t)|\,dt = \int_a^b|\zeta'(t)|\,dt\end{aligned}$$

であり，この式の右辺は 3.3 節の長さ有限の曲線の定義にある条件 $(*)$ の M の条件を満たし，曲線の長さ $\ell(C)$ は，そのようなものの最小値なので

$$\ell(C) \leqq \int_a^b|\zeta'(t)|\,dt$$

---

† 二重級数の収束の定義をこの形で与えることも多い．

を得る．逆の不等式を示す．曲線 C を $\zeta(t)=\phi(t)+\psi(t)\boldsymbol{i}$ ($\phi(t)=\mathrm{Re}(\zeta(t)),\ \psi(t)=\mathrm{Im}(\zeta(t))$) と表現しておく．$C^1$ 級であることから $\phi'(t),\ \psi'(t)$ は $[a,b]$ で連続でありさらに一様連続となる．すなわち任意の $\epsilon>0$ に対し，$\delta>0$ が存在して次の条件が成立する．

$$|\phi'(t)-\phi'(s)|<\frac{\epsilon}{\sqrt{2}},\ |\psi'(t)-\psi'(s)|<\frac{\epsilon}{\sqrt{2}}\quad (t,s\in[a,b],\ |t-s|<\delta)$$

$[a,b]$ の分割 Δ: $a=\tau_0\leqq\tau_1\leqq\tau_2\leqq\cdots\leqq\tau_p=b$ をとり $\|\Delta\|<\delta$ としておくと

$$\int_a^b|\zeta'(t)|\,dt=\sum_{j=1}^p\int_{\tau_{j-1}}^{\tau_j}|\zeta'(t)|\,dt=\sum_{j=1}^p\int_{\tau_{j-1}}^{\tau_j}\left\{(\phi'(t))^2+(\psi'(t))^2\right\}^{1/2}dt$$

である．さて平均値の定理より，各 j についてある $\xi_j,\eta_j\in[\tau_{j-1},\tau_j]$ があって等式

$$\phi(\tau_j)-\phi(\tau_{j-1})=\phi'(\xi_j)(\tau_j-\tau_{j-1})$$
$$\psi(\tau_j)-\psi(\tau_{j-1})=\psi'(\eta_j)(\tau_j-\tau_{j-1})$$

が成立する．ベクトルの三角不等式を適用して

$$\begin{aligned}\int_{\tau_{j-1}}^{\tau_j}|\zeta'(t)|\,dt&=\int_{\tau_{j-1}}^{\tau_j}(\phi'(t)^2+\psi'(t)^2)^{1/2}\,dt\\&\leqq\int_{\tau_{j-1}}^{\tau_j}(\phi'(\xi_j)^2+\psi'(\eta_j)^2)^{1/2}\,dt\\&\quad+\int_{\tau_{j-1}}^{\tau_j}\left\{(\phi'(t)-\phi'(\xi_j))^2+(\psi'(t)-\psi'(\eta_j))^2\right\}^{1/2}dt\\&\leqq(\phi'(\xi_j)^2+\psi'(\eta_j)^2)^{1/2}(\tau_j-\tau_{j-1})+\epsilon\,(\tau_j-\tau_{j-1})\\&=\left\{(\phi'(\xi_j)(\tau_j-\tau_{j-1}))^2+(\psi'(\eta_j)(\tau_j-\tau_{j-1}))^2\right\}^{1/2}+\epsilon(\tau_j-\tau_{j-1})\\&=\left\{(\phi(\tau_j)-\phi(\tau_{j-1}))^2+(\psi(\tau_j)-\psi(\tau_{j-1}))^2\right\}^{1/2}+\epsilon\,(\tau_j-\tau_{j-1})\\&=|\zeta(\tau_j)-\zeta(\tau_{j-1})|+\epsilon\,(\tau_j-\tau_{j-1})\end{aligned}$$

$j=1,2,\ldots,p$ で両辺加えて

$$\begin{aligned}\int_a^b|\zeta'(t)|\,dt&\leqq\sum_{j=1}^p|\zeta(\tau_j)-\zeta(\tau_{j-1})|+\epsilon\,(b-a)\\&=\ell(C,\Delta)+\epsilon(b-a)\leqq\ell(C)+\epsilon(b-a)\end{aligned}$$

$\epsilon>0$ は任意なので，次を得る．

$$\int_a^b|\zeta'(t)|\,dt\leqq\ell(C)\quad\blacksquare$$

2.　命題 3.12 の線積分の存在および命題 3.15 の線積分の公式の証明のポイントを説明する．まず長さ有限の曲線 C 上での線積分の存在を扱う．

区間 $[a,b]$ の分割 Δ, Δ' を任意にとる．

$$\Delta\colon a = t_0 < t_1 < t_2 < \cdots < t_{p-1} < t_p = b$$
$$\Delta'\colon a = s_0 < s_1 < s_2 < \cdots < s_{q-1} < s_q = b$$

ただし Δ' は Δ の細分であるとする．すなわち $\{t_i\}_{i=0}^{p} \subset \{s_j\}_{j=0}^{q}$ とする．またそれぞれについて各小区間から代表点をとる．$\xi_i \in [t_{i-1}, t_i]$, $\eta_j \in [s_{j-1}, s_j]$ を選びリーマン和を

$$S(f, \Delta, \{\xi_i\}_{i=0}^{p}) = \sum_{i=1}^{p} f(\zeta(\xi_i))(\zeta(t_i) - \zeta(t_{i-1}))$$
$$S(f, \Delta', \{\eta_j\}_{j=0}^{q}) = \sum_{j=1}^{q} f(\zeta(\eta_j))(\zeta(s_j) - \zeta(s_{j-1}))$$

と定める．各 $[t_{i-1}, t_i]$ はいくつかの $[s_{j-1}, s_j]$ の和として表されることに注意する．

$$[t_{i-1}, t_i] = [s_{j(i-1)}, s_{j(i-1)+1}] \cup \cdots \cup [s_{j(i)-1}, s_{j(i)}]$$

$0 = j(0) < j(1) < \cdots < j(p) = q$ に注意せよ．i ごとの和に分けて全体を表現すると

$$S(f, \Delta, \{\xi_i\}_{i=0}^{p}) = \sum_{i=1}^{p} \sum_{j=j(i-1)+1}^{j(i)} f(\zeta(\xi_i))(\zeta(s_j) - \zeta(s_{j-1}))$$
$$S(f, \Delta', \{\eta_j\}_{j=0}^{q}) = \sum_{i=1}^{p} \sum_{j=j(i-1)+1}^{j(i)} f(\zeta(\eta_j))(\zeta(s_j) - \zeta(s_{j-1}))$$

となる．この 2 式で辺々引き算して

$$\begin{aligned} &S(f, \Delta, \{\xi_i\}_{i=0}^{p}) - S(f, \Delta', \{\eta_j\}_{j=0}^{q}) \\ &= \sum_{i=1}^{p} \sum_{j=j(i-1)+1}^{j(i)} \bigl\{f(\zeta(\xi_i)) - f(\zeta(\eta_j))\bigr\}(\zeta(s_j) - \zeta(s_{j-1})) \end{aligned}$$

となるので，これを上から評価して

$$\begin{aligned} &|S(f, \Delta, \{\xi_i\}_{i=0}^{p}) - S(f, \Delta', \{\eta_j\}_{j=0}^{q})| \\ &\leqq \sum_{i=1}^{p} \sum_{j=j(i-1)+1}^{j(i)} |f(\zeta(\xi_i)) - f(\zeta(\eta_j))|\,|\zeta(s_j) - \zeta(s_{j-1})| \\ &\leqq \sup_{|t-t'| \leqq \|\Delta\|} |f(\zeta(t)) - f(\zeta(t'))|\,\ell(C, \Delta') \end{aligned}$$

$$\leqq \sup_{|t-t'|\leqq\|\Delta\|} |f(\zeta(t)) - f(\zeta(t'))|\,\ell(C)$$

を得る．よって $0 < \|\Delta'\| \leqq \|\Delta\| \to 0$ なら，右辺は一様にゼロに収束する．

よって分割の細分によってできる列 Δ_m を $\|\Delta_m\| \to 0$ $(m \to \infty)$ となるように任意にとれば，対応するリーマン和の列はコーシー列となり収束する．一般の分割 Δ については上で利用した分割の単調列 $\{\Delta_m\}_{m=1}^{\infty}$ を用いて

$$\begin{aligned} S(f, \Delta, \{\xi_i\}_{i=1}^{p}) &= S(f, \Delta \vee \Delta_m, \{\xi_i^{(m)}\}_{i=1}^{p(m)}) \\ &\quad + \left(S(f, \Delta, \{\xi_i\}_{i=1}^{p}) - S(f, \Delta \vee \Delta_m, \{\xi_i^{(m)}\}_{i=1}^{p(m)})\right) \end{aligned}$$

を考える．ここで $\{\xi_i^{(m)}\}_{i=1}^{p(m)}$ は分割 Δ_m に対して各小区間から選択された代表点とした．また記号として，分割 Δ_1, Δ_2 に対し $\Delta_1 \vee \Delta_2$ は 2 つの分割の分点を合併してできる（より細かい）分割を表している．この関係を用いて $\|\Delta\| \to 0$ のとき，$S(f, \Delta, \{\xi_i\}_{i=1}^{p})$ も収束して $S(f, \Delta \vee \Delta_m, \{\xi_i^{(m)}\}_{i=1}^{p(m)})$ の極限値に一致することを示せる．

次に C が C^1 級の場合に線積分の積分表現を示す．$\phi(t) = \mathrm{Re}(\zeta(t))$，$\psi(t) = \mathrm{Im}(\zeta(t))$ とおいておく．区間 $[a, b]$ の分割 Δ: $a = t_0 \leqq t_1 \leqq \cdots \leqq t_p = b$ および代表点 $\xi_i \in [t_{i-1}, t_i]$ をとっておく．ここで ϕ, ψ は $[a, b]$ が C^1 級であるので，平均値の定理により各 i について $r_i, s_i \in [t_{i-1}, t_i]$ があって

$$\begin{aligned} \phi(t_i) - \phi(t_{i-1}) &= \phi'(r_i)(t_i - t_{i-1}) \\ \psi(t_i) - \psi(t_{i-1}) &= \psi'(s_i)(t_i - t_{i-1}) \end{aligned}$$

となる．さて目標となる等式を示す．

$$\begin{aligned} J &:= S(f, \Delta, \{\xi_i\}_{i=1}^{p}) - \int_a^b f(\zeta(t))\,\frac{d\zeta}{dt}\,dt \\ &= \sum_{i=1}^{p}\left(f(\zeta(\xi_i))(\zeta(t_i) - \zeta(t_{i-1})) - \int_{t_{i-1}}^{t_i} f(\zeta(t))\,\frac{d\zeta}{dt}\,dt\right) \\ &= \sum_{i=1}^{p}\int_{t_{i-1}}^{t_i} \{f(\zeta(\xi_i)) - f(\zeta(t))\}(\phi'(t) + \psi'(t)\boldsymbol{i})\,dt \\ &\qquad + \sum_{i=1}^{p}\int_{t_{i-1}}^{t_i} f(\zeta(\xi_i))(\phi'(r_i) + \psi'(s_i)\boldsymbol{i} - \phi'(t) - \psi'(t)\boldsymbol{i})\,dt \end{aligned}$$

となるので f の連続性や ζ' の一様連続性により次の評価が成立する．

$$|J| \leqq \sup_{|\tau-s|\leqq\|\Delta\|} |f(\zeta(\tau)) - f(\zeta(s))| \int_a^b |\zeta'(t)|\,dt$$

$$+\,2(b-a)\sup_{z\in C}|f(z)|\sup_{|\tau-s|<\|\Delta\|}|\zeta'(\tau)-\zeta'(s)|\to 0$$

$(\|\Delta\|\to 0)$．最後の極限の部分では $\zeta'(t)$, $f(\zeta(t))$ の $[a,b]$ での一様連続性を用いていることに留意しよう．■

命題 3.15 も上の証明の概要と同様になされる．

A.4　ジョルダンの曲線定理

平面 $\mathbb{R}^2$ における自分と交わらない閉曲線 C が平面を 2 つに区分けすることは直観的に自明なことに見えるが数学的にきちんと示すのは易しくない．正式な記述は以下の通りである．

定理 A.15（ジョルダンの曲線定理）C を $\mathbb{R}^2$ における単一閉曲線とする．このとき C は $\mathbb{R}^2$ を有界な単連結領域 G_1 と非有界な領域 G_2 に分断する．すなわち

$$C\cap G_1=\emptyset,\quad C\cap G_2=\emptyset,\quad G_1\cap G_2=\emptyset,\quad G_1\cup C\cup G_2=\mathbb{R}^2$$

となる．

このような G_1 を C の**内側**の領域，G_2 を C の**外側**の領域という．

C が区分的に C^1 級の場合はシュタイン・シャカルチ[10] で示されている．一般の場合は位相幾何学の専門書を参照する必要がある．実際もう少し強い主張が成立する．上の定理に付け加える形で記述すると次のようになる．

定理 A.16（ジョルダン・シェーンフリースの定理）前定理と同じ仮定の下で，ある同相写像† $\Phi\colon \mathbb{R}^2 \longrightarrow \mathbb{R}^2$ が存在して，次のようにできる．

$$\Phi(G_1)=\{x\in\mathbb{R}^2\mid |x|<1\}$$
$$\Phi(G_2)=\{x\in\mathbb{R}^2\mid |x|>1\}$$
$$\Phi(C)=\{x\in\mathbb{R}^2\mid |x|=1\}$$

（参考文献：E. Moise[19]）

---

† 全単射で連続かつ逆写像が連続となる．

問と演習問題の解答例

本文中の問および章末の演習問題の解答例を記述する．以下では略解あるいはヒントのみというケースの場合もある．

第1章

問 1.1　$z = x + y\boldsymbol{i}$ $(x, y \in \mathbb{R})$ として $\boldsymbol{i}z = -y + x\boldsymbol{i}$ となるから両辺の実部と虚部を比較して結論を得る．

問 1.2　$z = x + y\boldsymbol{i}$ $(x, y \in \mathbb{R})$ として $\overline{z} = x + (-y)\boldsymbol{i}$ であるから両辺の和をとって $z + \overline{z} = 2x$, $z - \overline{z} = 2y\boldsymbol{i}$ を得る．両辺を 2, $2\boldsymbol{i}$ で割って結論を得る．

問 1.3　$z \in \mathbb{C}, z \neq 0$ として，まず $z\overline{z} = |z|^2$ であるから $\overline{z}(z/|z|^2) = 1$, $z(\overline{z}/|z|^2) = 1$ となる．これより $z^{-1} = \overline{z}/|z|^2$, $(\overline{z})^{-1} = z/|z|^2$ となる．これの複素共役を考えて 1 番目の式を得る．また絶対値を考えて 2 番目の式を得る．3 番目は命題 1.4 の 4 番目の式で z_2 を z_2^{-1} に置き換えて得られる．

問 1.4　左辺を直接計算して三角関数の加法定理を適用すれば良い．

問 1.5　$z = x + y\boldsymbol{i}$ $(x, y \in \mathbb{R})$ として $z^2 = (x^2 - y^2) + 2xy\boldsymbol{i}$ であるから条件の $\mathrm{Re}(z^2) = 1$ によって $x^2 - y^2 = 1$ となる．これを xy 座標平面で表すと双曲線が得られるのでそれを対応する複素平面にそのままコピーすれば良い．

問 1.6　条件より $z = 2(\cos\theta + (\sin\theta)\boldsymbol{i})$ $(\theta \in [0, 2\pi))$ とおける．これより

$$w = z^3 = 8\{\cos(3\theta) + (\sin(3\theta))\boldsymbol{i}\}, \quad \zeta = \frac{1}{z^2} = \frac{1}{4}\{\cos(-2\theta) + (\sin(-2\theta))\boldsymbol{i}\}$$

よって $0 \leqq \theta < 2\pi$ に対して，w は原点中心，半径 8 の円周を反時計回りに 3 周する．ζ は原点中心，半径 1/4 の円周を時計回りに 2 周する．

問 1.7　z と ζ の関係式より $z = 1 + (1/\zeta)$ となるが，条件 $|z| = 2$ より $|1 + (1/\zeta)| = 2$ を得る．両辺に $|\zeta|$ をかけてから 2 乗することで $|\zeta + 1|^2 = 4|\zeta|^2$．これをバラバラにして $3|\zeta|^2 - \zeta - \overline{\zeta} - 1 = 0$ となるが，これをまとめ直して $(\zeta - (1/3))(\overline{\zeta} - (1/3)) = 4/9$ となり $|\zeta - (1/3)| = 2/3$（円周）を得る．xy 平面に問題を移して考える方法もあるので紹介する．条件より $z = 2(\cos\theta + (\sin\theta)\boldsymbol{i})$ $(\theta \in [0, 2\pi))$ とおく．

$$\zeta = \frac{1}{z-1} = \frac{1}{2\cos\theta + 2(\sin\theta)\boldsymbol{i} - 1}$$

$$= \frac{(2\cos\theta - 2(\sin\theta)\boldsymbol{i} - 1)}{(2\cos\theta + 2(\sin\theta)\boldsymbol{i} - 1)(2\cos\theta - 2(\sin\theta)\boldsymbol{i} - 1)} = \frac{2\cos\theta - 1 - 2(\sin\theta)\boldsymbol{i}}{5 - 4\cos\theta}$$

$$= \frac{2\cos\theta - 1}{5 - 4\cos\theta} + \frac{(-2\sin\theta)}{5 - 4\cos\theta}\boldsymbol{i} = X + Y\boldsymbol{i} \quad (X, Y \in \mathbb{R})$$

として X, Y の関係式を求める．$X = (2\cos\theta - 1)/(5 - 4\cos\theta)$, $Y = (-2\sin\theta)/(5 - 4\cos\theta)$ として $\sin\theta, \cos\theta$ を消去して $(X - (1/3))^2 + Y^2 = (2/3)^2$（円周）を得る．これを複素平面に移して $|\zeta - (1/3)| = 2/3$ となる．後者のやり方の方が計算が煩雑のようである．

問 1.8　$z \in \mathbb{C}$ に対し $\mathrm{Re}(z^{10}) > 0 \Longleftrightarrow \mathrm{Re}(\overline{z^{10}}) > 0 \Longleftrightarrow \mathrm{Re}((\overline{z})^{10}) > 0$ なので結論が示される．

問 1.9　$z = x + y\boldsymbol{i}$ $(x, y \in \mathbb{R})$ として式を書き直す．$-1 - \sqrt{3}\,\boldsymbol{i} = e^z = e^x(\cos y + (\sin y)\boldsymbol{i})$ の両辺の絶対値を考えて $e^x = 2$．これを代入して $\cos y = -1/2$, $\sin y = -\sqrt{3}/2$ となる．これにより $x = \log 2$, $y = 4\pi/3 + 2p\pi$ $(p \in \mathbb{Z})$ となる．解は $z = \log 2 + (4\pi/3 + 2p\pi)\boldsymbol{i}$ $(p \in \mathbb{Z})$ となる．

問 1.10　(1)　$z = e^{(\pi/6)\boldsymbol{i}}$ とすると $z \neq 1$．等比級数の和の公式より

$$\sum_{j=0}^{11} z^j = \frac{z^{12} - 1}{z - 1} = \frac{e^{2\pi\boldsymbol{i}} - 1}{e^{(\pi/6)\boldsymbol{i}} - 1} = 0$$

(2)　$w = (1/2)e^{(\pi/6)\boldsymbol{i}}$ とすると $|w| = 1/2 < 1$ より

$$\sum_{j=0}^{\infty} w^j = \lim_{m\to\infty} \sum_{j=0}^{m} w^j = \lim_{m\to\infty} \frac{1 - w^m}{1 - w} = \frac{1}{1 - w}$$

$$= \frac{1}{1 - (1/2)((\sqrt{3}/2) + (1/2)\boldsymbol{i})} = \frac{4 - \sqrt{3} + \boldsymbol{i}}{5 - 2\sqrt{3}}$$

問 1.11　前半は $e^z = e^{\mathrm{Re}(z)}\{\cos(\mathrm{Im}(z)) + (\sin(\mathrm{Im}(z)))\boldsymbol{i}\}$ より $|e^z| = e^{\mathrm{Re}(z)}$ であるから

$$\lim_{n\to\infty} \mathrm{Re}(z_n) = \lim_{n\to\infty} \log(|e^{z_n}|) = \infty$$

となる．後半は $z_n = n\boldsymbol{i}$ などの例があげられる．

問 1.12　等式 $|z_n - w|^2 = |\mathrm{Re}(z_n) - \mathrm{Re}(w)|^2 + |\mathrm{Im}(z_n) - \mathrm{Im}(w)|^2$ により結論が示される．

演習問題

1.1　(1)　$53 - 8\boldsymbol{i}$　　(2)　$2 + 11\boldsymbol{i}$　　(3)　$5 - 10\boldsymbol{i}$

1.2　(1)　$2^7(1 - \boldsymbol{i})$　　(2)　$2^9(-1 + \sqrt{3}\,\boldsymbol{i})$

1.3 $z=2e^{\theta\boldsymbol{i}}$ $(0\leqq\theta\leqq 2\pi)$, $g(z)=2+e^{\pi\boldsymbol{i}/4}2e^{\theta\boldsymbol{i}}=2+2e^{(\theta+(\pi/4))\boldsymbol{i}}$ より $0\leqq\theta\leqq 2\pi$ に対して $g(z)$ は複素平面で 2 を中心に半径 2 の円周を動く.

$$h(z)=2e^{\theta\boldsymbol{i}}+\frac{1}{2}e^{-\theta\boldsymbol{i}}=\frac{5}{2}\cos\theta+\frac{3}{2}(\sin\theta)\boldsymbol{i}\quad(0\leqq\theta\leqq 2\pi)$$

となり楕円となる.

1.4

$$\begin{aligned}e^{\pi\boldsymbol{i}/12}&=e^{\pi\boldsymbol{i}/3}e^{-\pi\boldsymbol{i}/4}=\left(\cos\frac{\pi}{3}+\left(\sin\frac{\pi}{3}\right)\boldsymbol{i}\right)\left(\cos\left(-\frac{\pi}{4}\right)+\left(\sin\left(-\frac{\pi}{4}\right)\right)\boldsymbol{i}\right)\\&=\left(\frac{1}{2}+\frac{\sqrt{3}}{2}\boldsymbol{i}\right)\left(\frac{1}{\sqrt{2}}-\frac{1}{\sqrt{2}}\boldsymbol{i}\right)=\frac{1+\sqrt{3}}{2\sqrt{2}}+\frac{-1+\sqrt{3}}{2\sqrt{2}}\boldsymbol{i}\end{aligned}$$

実部と虚部を見て

$$\cos\left(\frac{\pi}{12}\right)=\frac{1+\sqrt{3}}{2\sqrt{2}},\quad\sin\left(\frac{\pi}{12}\right)=\frac{-1+\sqrt{3}}{2\sqrt{2}}$$

が得られる.

1.5 等比級数の和の公式を用いて

$$1+e^{\theta\boldsymbol{i}}+e^{2\theta\boldsymbol{i}}+\cdots+e^{(m-1)\theta\boldsymbol{i}}=\frac{e^{m\theta\boldsymbol{i}}-1}{e^{\theta\boldsymbol{i}}-1}$$

を計算して，実部および虚部を抽出すれば良い.

1.6 以下で 2 項定理を用いる.

$$\begin{aligned}e^{5\theta\boldsymbol{i}}&=(e^{\theta\boldsymbol{i}})^5=(\cos\theta+(\sin\theta)\boldsymbol{i})^5=\sum_{j=0}^{5}{}_5\mathrm{C}_j\,(\cos\theta)^{5-j}(\boldsymbol{i}\sin\theta)^j\\&=\cos^5\theta+5\cos^4\theta(\boldsymbol{i}\sin\theta)+10\cos^3\theta(\boldsymbol{i}\sin\theta)^2+10\cos^2\theta(\boldsymbol{i}\sin\theta)^3\\&\quad+5\cos\theta(\boldsymbol{i}\sin\theta)^4+(\boldsymbol{i}\sin\theta)^5\end{aligned}$$

両辺の実部をとることで $\cos 5\theta=\cos^5\theta-10\cos^3\theta\sin^2\theta+5\cos\theta\sin^4\theta$ を得る. 虚部をとることで $\sin 5\theta=5\cos^4\theta\sin\theta-10\cos^2\theta\sin^3\theta+\sin^5\theta$ となる.

1.7 $z\in\mathbb{C}$ に対して $\sin z=(e^{\boldsymbol{i}z}+e^{-\boldsymbol{i}z})/(2\boldsymbol{i})$ より

$$|\sin z|=\frac{1}{2}|e^{\boldsymbol{i}z}+e^{-\boldsymbol{i}z}|\leqq\frac{1}{2}(e^{\mathrm{Im}(z)}+e^{-\mathrm{Im}(z)})\leqq\max(e^{\mathrm{Im}(z)},e^{-\mathrm{Im}(z)})=e^{|\mathrm{Im}(z)|}$$

であるから $|\mathrm{Im}(z_n)|\geqq\log|\sin z_n|\to\infty$ により結論を得る.

1.8 E の要素を $z=t+\boldsymbol{i}$ $(t\in\mathbb{R})$ とすれば $g(z)=(t+\boldsymbol{i})^2=t^2-1+2t\boldsymbol{i}$ である. $X=t^2-1, Y=2t$ とおくと t によらず $g(z)$ は XY 平面では $X=(Y^2/4)-1$ 上を動き，それは放物線をなす. よってこれを複素平面にコピーして求める図形が得られる.

1.9 $a = re^{\theta \boldsymbol{i}}$, $b = se^{\varphi \boldsymbol{i}}$ $(0 \leqq \varphi \leqq \theta \leqq 2\pi,\ r > 0,\ s > 0)$ として条件に代入する ($\theta \leqq \varphi$ のときは a, b を交換して議論すれば良い).

$$r^2 = s^2 = 2\,\mathrm{Re}(rse^{(\theta-\varphi)\boldsymbol{i}})$$

これにより $r = s$ および $\cos(\theta - \varphi) = 1/2$ が得られる．これにより $\theta - \varphi = \pi/3$ または $\theta - \varphi = 5\pi/3$ となる．よって $\overrightarrow{\mathrm{O}a}$, $\overrightarrow{\mathrm{O}b}$ のなす内角は $\pi/3$ である．2 等辺三角形でその 2 辺のなす内角が $\pi/3$ であるのは正三角形の場合なので結論を得る.

1.10 $\zeta = (cz+d)/(az+b)$ を式変形して $z = (d - b\zeta)/(a\zeta - c)$ となるから $|(d - b\zeta)/(a\zeta - c)| = 1$ が条件となる．分母を払って両辺を 2 乗すると $(d - b\zeta)(d - b\overline{\zeta}) = (a\zeta - c)(a\overline{\zeta} - c)$ となる．この式を分解して整理すると

$$(a^2 - b^2)|\zeta|^2 + (bd - ac)(\zeta + \overline{\zeta}) + c^2 - d^2 = 0$$

これから $|\zeta + (bd - ac)/(a^2 - b^2)| = |ad - bc|/(a^2 - b^2)$ となるから ζ の可動範囲は円周となる.

1.11 点 P, Q, R に対応する複素数を同じ記号で表すことにする．このとき

$$\mathrm{Q} - \mathrm{P} = re^{\theta\boldsymbol{i}}, \quad \mathrm{R} - \mathrm{P} = se^{\varphi\boldsymbol{i}}, \quad \alpha = \rho e^{\gamma\boldsymbol{i}}$$

とおく．ただし $r, s, \rho > 0$, $0 \leqq \theta, \varphi < 2\pi$, $0 \leqq \gamma < 2\pi$ である.

$$\mathrm{Q}' - \mathrm{P}' = \alpha\mathrm{Q} + \beta - (\alpha\mathrm{P} + \beta) = \alpha(\mathrm{Q} - \mathrm{P}) = \alpha re^{\theta\boldsymbol{i}} = \rho re^{(\gamma+\theta)\boldsymbol{i}}$$
$$\mathrm{R}' - \mathrm{P}' = \alpha\mathrm{R} + \beta - (\alpha\mathrm{P} + \beta) = \alpha(\mathrm{R} - \mathrm{P}) = \alpha se^{\varphi\boldsymbol{i}} = \rho se^{(\gamma+\varphi)\boldsymbol{i}}$$

複素平面における $\mathrm{Q} - \mathrm{P}$, $\mathrm{R} - \mathrm{P}$ の偏角の差は $\mathrm{Q}' - \mathrm{P}'$, $\mathrm{R}' - \mathrm{P}'$ の偏角の差に一致する.

1.12 $z \in L$ を $z = (1 + \epsilon)e^{\theta\boldsymbol{i}}$ $(0 \leqq \theta \leqq 2\pi)$ と表して $g(z)$ を計算する.

$$\begin{aligned} g(z) &= (1+\epsilon)e^{\theta\boldsymbol{i}} + (1+\epsilon)^{-1}e^{-\theta\boldsymbol{i}} \\ &= ((1+\epsilon) + (1+\epsilon)^{-1})\cos\theta + ((1+\epsilon) - (1+\epsilon)^{-1})(\sin\theta)\boldsymbol{i} \\ &= \frac{(1+\epsilon)^2 + 1}{1+\epsilon}\cos\theta + \frac{(1+\epsilon)^2 - 1}{1+\epsilon}(\sin\theta)\boldsymbol{i} \\ &= \frac{2 + 2\epsilon + \epsilon^2}{1+\epsilon}\cos\theta + \frac{\epsilon(2+\epsilon)}{1+\epsilon}(\sin\theta)\boldsymbol{i} \end{aligned}$$

となり楕円となる．$\epsilon > 0$ が微小なとき極端に扁平な楕円になることに注意しよう.

1.13 z_1, z_2, z_3 が正三角形であることは $\xi := (z_3 - z_1)/(z_2 - z_1)$ とおけば $\xi = e^{(\pi/3)\boldsymbol{i}}$ または $\xi = e^{-(\pi/3)\boldsymbol{i}}$ であることと同値である．これは次の単一の式と同値である.

$$(\xi - e^{(\pi/3)\boldsymbol{i}})(\xi - e^{-(\pi/3)\boldsymbol{i}}) = 0$$

この式に $\xi=(z_3-z_1)/(z_2-z_1)$ を代入して整理して結論の条件式を得る.

1.14 まず指数関数を用いて書き換えて2項定理を用いて展開する.

$$(\cos\theta)^m=\left(\frac{e^{\theta\boldsymbol{i}}+e^{-\theta\boldsymbol{i}}}{2}\right)^m=\sum_{j=0}^{m}{}_m\mathrm{C}_j\left(\frac{e^{\theta\boldsymbol{i}}}{2}\right)^{m-j}\left(\frac{e^{-\theta\boldsymbol{i}}}{2}\right)^j$$
$$=\sum_{j=0}^{m}{}_m\mathrm{C}_j\,\frac{1}{2^m}e^{(m-2j)\theta\boldsymbol{i}}$$

両辺の実部を比較して次の等式を得る.

$$(\cos\theta)^m=\frac{1}{2^m}\sum_{j=0}^{m}{}_m\mathrm{C}_j\cos((m-2j)\theta)$$

1.15 $z=1$ は解にならないので $z-1\ (\neq 0)$ を方程式にかけて

$$(z-1)(z^p+z^{p-1}+\cdots+z^2+z+1)=z^{p+1}-1=0$$

を得る. よって $z=1,\zeta,\zeta^2,\ldots,\zeta^p$ （$\zeta=e^{2\pi\boldsymbol{i}/(p+1)}$, 原始 $p+1$ 乗根）を得る. ここで 1 は解ではないので排除して $\zeta^k\ (k=1,2,\ldots,p)$ が解となる.

1.16 $|w|<1$ として固定する. ここで $|z|\leqq 1$ となる変数 z をとって

$$\begin{aligned}h(z)&:=|z-w|^2-|1-\overline{w}z|^2=(z-w)(\overline{z}-\overline{w})-(1-\overline{w}z)(1-w\overline{z})\\&=-(1-|z|^2)(1-|w|^2)\leqq 0\end{aligned}$$

である. よって $|z|<1\Longrightarrow h(z)<0$ であり, $|z|=1\Longrightarrow h(z)=0$ となるから結論が従う.

1.17 $e^{x+y\boldsymbol{i}}=e^xe^{y\boldsymbol{i}}$ であるが $x\in\mathbb{R}$ のとき $0<e^x<\infty$, $0\leqq y<\pi/2$ のとき $e^{y\boldsymbol{i}}$ は円周の 1/4（中心角 90 度）を動く. よって $f(D)=\{\xi+\eta\boldsymbol{i}\mid\xi,\eta\in\mathbb{R},\ \xi>0,\ \eta\geqq 0\}$ である.

1.18 $p\in\mathbb{Z}$ のときは三角関数の計算より次がわかる.

$$\int_0^{2\pi}\cos(p\theta)\,d\theta=\begin{cases}2\pi & (p=0)\\ 0 & (p\neq 0)\end{cases},\quad \int_0^{2\pi}\sin(p\theta)\,d\theta=0$$

(1) $$\int_0^{2\pi}e^{p\theta\boldsymbol{i}}\,d\theta=\int_0^{2\pi}\left\{\cos(p\theta)+(\sin(p\theta))\boldsymbol{i}\right\}d\theta=\begin{cases}2\pi & (p=0)\\ 0 & (p\neq 0)\end{cases}$$

(2), (3) は問題 1.14 で行われた計算を利用して解決できる.

$$(\cos\theta)^m=\frac{1}{2^m}\sum_{j=0}^{m}{}_m\mathrm{C}_j\,e^{(m-2j)\theta\boldsymbol{i}},\quad (\sin\theta)^m=\frac{1}{(2\boldsymbol{i})^m}\sum_{j=0}^{m}{}_m\mathrm{C}_j\,(-1)^je^{(m-2j)\theta\boldsymbol{i}}$$

これを $0\leqq\theta\leqq 2\pi$ で積分することを考える. (1) の式を用いると m が奇数のときは $\int_0^{2\pi}(\cos\theta)^m\,d\theta=0$, $\int_0^{2\pi}(\sin\theta)^m\,d\theta=0$ となる. m が偶数のときは

$$\int_0^{2\pi} (\cos\theta)^m \, d\theta = \frac{\pi}{2^{m-1}} \, {}_m\mathrm{C}_{m/2}$$
$$\int_0^{2\pi} (\sin\theta)^m \, d\theta = \frac{1}{(2\boldsymbol{i})^m} \, {}_m\mathrm{C}_{m/2} \, (-1)^{m/2} \, 2\pi = \frac{\pi}{2^{m-1}} \, {}_m\mathrm{C}_{m/2}$$

第 2 章

問 2.1　$a^z = e^{z \log a}$ と見て，e^z の指数法則を適用すれば良い．

問 2.2　$\alpha = re^{\gamma \boldsymbol{i}}$ $(r > 0,\ \gamma \in \mathbb{R})$ として解を $z = x + y\boldsymbol{i}$ $(x, y \in \mathbb{R})$ とおくと方程式は $e^x = r$, $e^{y\boldsymbol{i}} = e^{\gamma\boldsymbol{i}}$ となるから $x = \log r$, $y = \gamma + 2p\pi$ $(p \in \mathbb{Z})$ となる．p のとり方は無数にある．

問 2.3　$\sin z$, $\cos z$ を指数関数 $e^{z\boldsymbol{i}}$, $e^{-z\boldsymbol{i}}$ によって表現して直接に代入して計算すれば良い．

問 2.4　$z_j = r_j e^{\theta_j \boldsymbol{i}}$ $(j = 1, 2)$ とおくと $z_1 z_2 = r_1 r_2 e^{(\theta_1 + \theta_2)\boldsymbol{i}}$, $-\pi < \theta_1 + \theta_2 \leqq \pi$ より，次を得る．

$$\begin{aligned}\log(z_1 z_2) &= \log(r_1 r_2) + (\theta_1 + \theta_2)\boldsymbol{i} \\ &= \log(r_1) + \log(r_2) + (\theta_1 + \theta_2)\boldsymbol{i} = \log z_1 + \log z_2\end{aligned}$$

問 2.5　$z \in \mathbb{C}$ に対して $|e^z| = |e^{\mathrm{Re}(z)} e^{\mathrm{Im}(z)\boldsymbol{i}}| = e^{\mathrm{Re}(z)} > 0$ により $e^z \neq 0$ である．

問 2.6　z^n が連続なので系 2.3 により $1/z^n$ は $z \neq 0$ の範囲で連続となる．

問 2.7　命題 2.5 により e^z が $\mathbb{C}$ で連続なので $e^{z\boldsymbol{i}}$, $e^{-z\boldsymbol{i}}$ は命題 2.4 により連続．命題 2.2 によりそれらの線形結合である $\sin z$, $\cos z$ は連続である．

演習問題

2.1　ダランベールの判定条件などを利用すれば (1), (2) は収束となる．
(3) $\int_1^{\infty} (1/\sqrt{x}\,)\, dx = \infty$ と積分判定法により $\sum_{n=1}^{\infty} 1/\sqrt{n} = \infty$ となる．

2.2　(1)　$r = 3$　　(2)　$r = \infty$　　(3)　$r = 1$

2.3　$\cosh z$, $\sinh z$ を定義に従って計算すれば良い．

2.4　$\cos z$, $\sin z$ を定義に従って計算すれば良い．

2.5　方程式を式変形して $(z^4 + a^4)(1 + (1/z^4 a^4)) = 0$ となるから $z^4 = -a^4$ および $z^4 = -1/a^4$ を得る．よって解は $z = ae^{\pi\boldsymbol{i}/4}$, $ae^{3\pi\boldsymbol{i}/4}$, $ae^{5\pi\boldsymbol{i}/4}$, $ae^{7\pi\boldsymbol{i}/4}$, $(1/a)e^{\pi\boldsymbol{i}/4}$, $(1/a)e^{3\pi\boldsymbol{i}/4}$, $(1/a)e^{5\pi\boldsymbol{i}/4}$, $(1/a)e^{7\pi\boldsymbol{i}/4}$ となる．

2.6　方程式を指数関数で書くと $(e^z + e^{-z})/2 + (e^a + e^{-a})/2 = 0$ であるが，これを変形して e^z に関して解いて $e^z = -e^a$, $e^z = -e^{-a}$．これから解は $z = \pm a + (2m - 1)\pi\boldsymbol{i}$ $(m \in \mathbb{Z})$ となる．

2.7　$s > 0$ のときだけ示す．仮定より，任意の $\epsilon \in (0, s)$ に対し，$N \in \mathbb{N}$ があって，$|(a_{n+1}/a_n) - s| < \epsilon$ $(n \geqq N)$ となる．これより

$$s-\epsilon<\frac{a_{n+1}}{a_n}<s+\epsilon \quad (n \geqq N)$$

となる．$n=N,N+1,\ldots,m-1$ に関して各辺をかけて

$$(s-\epsilon)^{m-N}<\frac{a_m}{a_N}<(s+\epsilon)^{m-N} \quad (m \geqq N)$$

を得る．分母を払って $1/m$ 乗して

$$(s-\epsilon)^{1-(N/m)}a_N^{1/m}<a_m^{1/m}<(s+\epsilon)^{1-(N/m)}a_N^{1/m} \quad (m \geqq N)$$

となる．ここで $m\to\infty$ に対し，上極限，下極限をとって

$$s-\epsilon \leqq \liminf_{m\to\infty} a_m^{1/m} \leqq \limsup_{m\to\infty} a_m^{1/m} \leqq s+\epsilon$$

となる．$\epsilon>0$ は任意なので

$$s \leqq \liminf_{m\to\infty} a_m^{1/m} \leqq \limsup_{m\to\infty} a_m^{1/m} \leqq s$$

を得る．これは $\lim_{m\to\infty} a_m^{1/m}=s$ を意味する．

2.8 $z=x+y\boldsymbol{i}$ $(x,y\in\mathbb{R})$ とする．

$$\begin{aligned}\frac{d}{dt}e^{tz}&=\frac{d}{dt}(e^{tx+(ty)\boldsymbol{i}})=\frac{d}{dt}\{e^{tx}(\cos(ty)+(\sin(ty))\boldsymbol{i})\}\\&=\frac{d}{dt}\{e^{tx}\cos(ty)\}+\frac{d}{dt}\{e^{tx}\sin(ty)\}\boldsymbol{i}\\&=xe^{tx}\cos(ty)+e^{tx}(-y\sin(ty))+\{xe^{tx}\sin(ty)+e^{tx}(y\cos(ty))\}\boldsymbol{i}\\&=(x+y\boldsymbol{i})e^{tx}\cos(ty)+(-y+x\boldsymbol{i})e^{tx}\sin(ty)\\&=(x+y\boldsymbol{i})e^{tx}\{\cos(ty)+(\sin(ty))\boldsymbol{i}\}=ze^{tz}\end{aligned}$$

2.9 $z=re^{\theta\boldsymbol{i}}$ $(r>0,\ -\pi<\theta\leqq\pi)$

$$z^p=r^pe^{p\theta\boldsymbol{i}}=e^{p\log r}e^{p\theta\boldsymbol{i}}=e^{p\log r+p\theta\boldsymbol{i}}=e^{p\log z}$$

2.10 $\rho\in(0,1)$ を任意にとって固定する．$|z|\leqq\rho$ で

$$\frac{z}{1-z}=z+z^2+z^3+\cdots=\sum_{p=1}^{\infty}z^p$$

であり右辺は一様収束している．ここで自然数 p は一意的に $p=2^k(2\ell+1)$ $(k,\ell\in\mathbb{Z}_+)$ と表せる．これより

$$\sum_{p=1}^{\infty}z^p=\sum_{k=0}^{\infty}\sum_{\ell=0}^{\infty}z^{2^k(2\ell+1)}=\sum_{k=0}^{\infty}\left(\sum_{\ell=0}^{\infty}z^{2^k}(z^{2^{k+1}})^{\ell}\right)=\sum_{k=0}^{\infty}\frac{z^{2^k}}{1-z^{2^{k+1}}}$$

を得る．$\rho\in(0,1)$ は任意だったので上式は $|z|<1$ で成立する．

2.11 $|z| > 1$ ならば $|1/z| < 1$ だから $1/z$ を問題 2.10 の公式に代入して結論の公式を得る．

2.12 $n \to \infty$ のときの $\alpha_n = |a_n|^{1/n} = (n^p \log(n+1))^{1/n}$ の極限を考える．このとき

$$\begin{aligned}\log \alpha_n &= \frac{p \log n}{n} + \frac{\log(\log(n+1))}{n} \\ &= \frac{p \log n}{n} + \frac{\log(\log(n+1))}{\log(n+1)} \frac{\log(n+1)}{n} \to 0 \quad (n \to \infty)\end{aligned}$$

を得る．ここで $\lim_{t \to \infty} (\log t)/t = 0$ を用いた．以上から $\lim_{n \to \infty} \alpha_n = 1$ となり収束半径は 1 となる．

2.13 等比級数の計算を行って問題の公式を得る．

2.14 背理法を用いる．結論を否定して，ある $R > 0$ があって $|z_m| < R$ となる $m \in \mathbb{N}$ が無数に存在するとする．ここで自然数 N を大きくとって $\sqrt{2}\,R/\delta < N$ としておく．さて集合

$$D = \{z \in \mathbb{C} \mid -R < \mathrm{Re}(z) \leqq R,\ -R < \mathrm{Im}(z) \leqq R\}$$

$$D(j,k) = \left\{ z \in \mathbb{C} \;\middle|\; \frac{Rj}{N} < \mathrm{Re}(z) \leqq \frac{R(j+1)}{N},\ \frac{Rk}{N} < \mathrm{Im}(z) \leqq \frac{R(k+1)}{N} \right\}$$

を定める．ここで j, k は整数である．このとき

$$\bigcup_{-N \leqq j \leqq N-1,\ -N \leqq k \leqq N-1} D(j,k) = D \quad \text{（非交和）}$$

が成立している．さて $z_m \in D$ となる m が無数にあり D の非交分割は $4N^2$ 個に分かれているので，部屋割り論法により，ある適当な $D(j,k)$ があって，z_m を 2 つ以上含む．すなわち $m_1 < m_2$ があり $z_{m_1}, z_{m_2} \in D(j,k)$ となる．よって $|z_{m_1} - z_{m_2}| \leqq \sqrt{2}\,R/N < \delta$ となるが，一方仮定より $|z_{m_1} - z_{m_2}| \geqq \delta$ なので矛盾する．

2.15

$$\begin{aligned}\left(1 + \frac{z}{n}\right)^n &= 1 + \sum_{k=1}^{n} {}_n\mathrm{C}_k \left(\frac{z}{n}\right)^k \\ &= 1 + \sum_{k=1}^{n} \left(1 - \frac{1}{n}\right)\left(1 - \frac{2}{n}\right)\left(1 - \frac{3}{n}\right) \cdots \left(1 - \frac{k-1}{n}\right) \frac{z^k}{k!}\end{aligned}$$

この結果と $e^z = 1 + \sum_{k=1}^{\infty} (z^k/k!)$ を比較する．任意に $R > 0$ をとって固定する．以下で $|z| \leqq R$ の範囲での収束を見る．任意の $\epsilon > 0$ に対して $N \in \mathbb{N}$ を $\sum_{k=N+1}^{\infty} R^k/k! < \epsilon/3$ となるようにしておく．

$$\begin{aligned}
&e^z - \left(1+\frac{z}{n}\right)^n \\
&= \sum_{k=1}^{N}\left\{1-\left(1-\frac{1}{n}\right)\left(1-\frac{2}{n}\right)\cdots\left(1-\frac{k-1}{n}\right)\right\}\frac{z^k}{k!} \\
&\quad + \sum_{k=N+1}^{\infty}\frac{z^k}{k!} - \sum_{k=N+1}^{n}\left(1-\frac{1}{n}\right)\left(1-\frac{2}{n}\right)\cdots\left(1-\frac{k-1}{n}\right)\frac{z^k}{k!}
\end{aligned}$$

よって $|z| \leqq R$ の範囲で

$$\begin{aligned}
&\left|e^z - \left(1+\frac{z}{n}\right)^n\right| \\
&\leqq \sum_{k=1}^{N}\left|1-\left(1-\frac{1}{n}\right)\left(1-\frac{2}{n}\right)\cdots\left(1-\frac{k-1}{n}\right)\right|\frac{R^k}{k!} + 2\sum_{k=N+1}^{\infty}\frac{R^k}{k!}
\end{aligned}$$

が成り立ち，上極限をとれば $\limsup_{n\to\infty}|e^z-(1+(z/n))^n| \leqq 2\epsilon/3$ となり $\epsilon > 0$ は任意であるので左辺はゼロである．よって $\lim_{n\to\infty}(1+(z/n))^n = e^z$ である．

2.16 $|z| < \min(r_1, r_2)$ に対して $a_0 + \sum_{m=1}^{\infty} a_m z^m = b_0 + \sum_{m=1}^{\infty} b_m z^m$ であるから $z = 0$ を代入して $a_0 = b_0$ である．よって同じ z の範囲で $\sum_{m=1}^{\infty} a_m z^m = \sum_{m=1}^{\infty} b_m z^m$ である．$z \neq 0$ の範囲で z で割って $a_1 + \sum_{m=2}^{\infty} a_m z^{m-1} = b_1 + \sum_{m=2}^{\infty} b_m z^{m-1}$ が $0 < |z| < \min(r_1, r_2)$ で成立する．またベキ級数の性質により（命題 2.6），$|z| < \min(r_1, r_2)$ は収束域に含まれる $z = 0$ を代入して $a_1 = b_1$ となる．これを繰り返しすべての m に対して $a_m = b_m$ となる．

2.17 $1 \leqq a_m \leqq a_{m+1}$ に注意して $b_m = \log a_m$ とおくと $0 \leqq b_m \leqq b_{m+1}$ であり

$$b_m = \sum_{k=1}^{m}\log\left(1+\frac{1}{2^k}\right) \leqq \sum_{k=1}^{m}\frac{1}{2^k} = 1 - \frac{1}{2^m} \leqq 1$$

よって有界単調列の収束定理により $m \to \infty$ のとき b_m はある有限値 b_∞ $(\leqq 1)$ に収束する．よって $\lim_{m\to\infty} a_m = \lim_{m\to\infty} e^{b_m} = e^{b_\infty}$.

2.18 (i) $|z| < 1$ のとき $|z^{n!}| \leqq |z|^n$ $(n \geqq 1)$ であるので優級数の定理より $\sum_{n=1}^{\infty} z^{n!}$ は収束する．(ii) $|z| > 1$ のとき $|z^{n!}| \geqq 1$ となり $\sum_{n=1}^{\infty} z^{n!}$ は収束しない．よって $\sum_{n=1}^{\infty} z^{n!}$ の収束半径は 1 である．

2.19 $e^z = 1 + \sum_{m=1}^{\infty} z^m/m!$ を用いて $\cosh z$, $\sinh z$ の定義式に代入することで，次の公式を得る．

$$\cosh z = 1 + \sum_{n=1}^{\infty}\frac{z^{2n}}{(2n)!}, \quad \sinh z = \sum_{n=1}^{\infty}\frac{z^{2n-1}}{(2n-1)!}$$

第 3 章

問 3.1 (1) $\lim_{z\to 0}\sin(mz)/z = \lim_{z\to 0} m\{(\sin(mz))/(mz)\} = m$

(2) 命題 3.3 を適用する．

$$\begin{aligned}&\lim_{z\to 0}\frac{1-2\cos z+\cos(2z)}{z^2}\\&=\lim_{z\to 0}\frac{2(1-\cos z)}{z^2}-\lim_{z\to 0}\frac{1-\cos(2z)}{z^2}\\&=2\lim_{z\to 0}\frac{1-\cos z}{z^2}-4\lim_{z\to 0}\frac{1-\cos(2z)}{(2z)^2}=-1\end{aligned}$$

問 3.2 積の微分公式（命題 3.2）により

$$\frac{d}{dz}(f^2)=\frac{df}{dz}f+f\frac{df}{dz}=2f\frac{df}{dz}$$

である．数学的帰納法を用いる．$m-1$ のとき正しいとする．

$$\begin{aligned}\frac{d}{dz}f(z)^m&=\frac{d}{dz}(f(z)^{m-1}f(z))=\frac{d}{dz}(f(z)^{m-1})f(z)+\frac{df}{dz}f(z)^{m-1}\\&=(m-1)f(z)^{m-2}\frac{df}{dz}f(z)+\frac{df}{dz}f(z)^{m-1}=mf(z)^{m-1}\frac{df}{dz}\end{aligned}$$

となり m のときも正しい．$m=2$ はすでに示してある．以上からすべての m について正しい．

問 3.3 (1) $w=z^2$ として，合成関数の微分により次の計算をする．

$$\frac{d}{dz}(e^{z^2})=\frac{d}{dw}(e^w)\frac{dw}{dz}=e^w\,2z=2ze^{z^2}$$

(2) $w=e^{-z}$ として，合成関数の微分により次の計算をする．

$$\frac{d}{dz}\sin(e^{-z})=\frac{d}{dw}(\sin w)\,\frac{dw}{dz}=(\cos w)(-e^{-z})=-e^{-z}\cos(e^{-z})$$

(3) $(d/dz)a^z=(d/dz)e^{z\log a}=e^{z\log a}\log a=a^z\log a$.

(4) $w=1-z$ として $(d/dz)(1-z)^{-m}=d(w^{-m})/dw\,(dw/dz)=-mw^{-m-1}(-1)$ $=m/(1-z)^{m+1}$

問 3.4 $G(z)=f(z)-az$ とおくと $G'(z)=f'(z)-a=0$ $(z\in\mathbb{C})$．よって例題 3.1 から $G(z)$ は定数関数となる．これから結論が従う．

問 3.5 命題 2.7 のベキ級数の収束半径の公式を用いる．

$$\left|\frac{a_n}{n+1}\right|^{1/(n+1)}=\frac{1}{(n+1)^{1/(n+1)}}\left(|a_n|^{1/n}\right)^{n/(n+1)}$$

において $\lim_{n\to\infty}(n+1)^{1/(n+1)}=1,\ \lim_{n\to\infty}n/(n+1)=1$ であるから

$$\limsup_{n\to\infty}\left|\frac{a_n}{n+1}\right|^{1/(n+1)}=\limsup_{n\to\infty}|a_n|^{1/n}$$

となる．$f_N(z)=\sum_{m=0}^N a_m z^m$, $F_N(z)=c+\sum_{m=0}^N (a_m/(m+1))z^{m+1}$ とおくと $F_N'(z)=f_N(z)$ となる．$\rho\in(0,r)$ を任意にとれば $|z|\leqq\rho$, $|z_0|\leqq\rho$ に対し

$$F_N(z)-F_N(z_0)=\int_0^1 f_N((1-t)z_0+tz)\,dt\,(z-z_0)$$

となる．$N\to\infty$ として

$$F(z)-F(z_0)=\int_0^1 f((1-t)z_0+tz)\,dt\,(z-z_0)$$

となり f の連続性を用いて $\lim_{z\to z_0}(F(z)-F(z_0))/(z-z_0)=f(z_0)$ を得る．

問 3.6　定理 3.7 を $1+z+z^2+\cdots=1/(1-z)$ $(|z|<1)$ に適用すれば良い．

問 3.7　区間 $[a,b]$ の任意の分割 $\varDelta$: $a=t_0\leqq t_1\leqq t_2\leqq\cdots\leqq t_p=b$ をとるとき

$$\sum_{j=1}^p|\zeta(t_j)-\zeta(t_{j-1})|\leqq\sum_{j=1}^p L(t_j-t_{j-1})=L(b-a)$$

右辺は $\varDelta$ に依存しないので C は長さ有限である．

問 3.8　$\zeta'(t)=-\boldsymbol{i}e^{\boldsymbol{i}t}+(1-t\boldsymbol{i})\boldsymbol{i}e^{t\boldsymbol{i}}=te^{t\boldsymbol{i}}$ だから命題 3.9 より $\ell=\int_0^1|\zeta'(t)|\,dt=\int_0^1 t\,dt=1/2$ となる．

問 3.9　$t=0, t=2\pi$ を代入して C が閉曲線であることは確認できる．$0\leqq s<t\leqq 2\pi$, $(s,t)\neq(0,2\pi)$ として

$$e^{t\boldsymbol{i}}+\frac{e^{3t\boldsymbol{i}}}{3}=e^{s\boldsymbol{i}}+\frac{e^{3s\boldsymbol{i}}}{3}$$

とする．$(e^{t\boldsymbol{i}}-e^{s\boldsymbol{i}})\{1+(1/3)(e^{2t\boldsymbol{i}}+e^{(t+s)\boldsymbol{i}}+e^{2s\boldsymbol{i}})\}=0$ を考える．仮定より $e^{t\boldsymbol{i}}\neq e^{s\boldsymbol{i}}$ であるから

$$e^{2t\boldsymbol{i}}+e^{(t+s)\boldsymbol{i}}+e^{2s\boldsymbol{i}}=-3$$

ここで $|e^{2t\boldsymbol{i}}|=|e^{(t+s)\boldsymbol{i}}|=|e^{2s\boldsymbol{i}}|=1$ であり，三角不等式で等号が成立するケースなので $e^{2t\boldsymbol{i}}$, $e^{(t+s)\boldsymbol{i}}$, $e^{2s\boldsymbol{i}}$ は互いに実数倍となっている．これは $e^{t\boldsymbol{i}}=e^{s\boldsymbol{i}}$ となり矛盾となる．長さを求めるため $\zeta'(t)=\boldsymbol{i}(e^{t\boldsymbol{i}}+e^{3t\boldsymbol{i}})$ より $|\zeta'(t)|^2=(1+\cos(2t))^2+(\sin(2t))^2=2(1+\cos(2t))=4\cos^2 t$ となり $\ell=\int_0^{2\pi}|2\cos t|\,dt=8\int_0^{\pi/2}\cos t\,dt=8$ である．

問 3.10　$m\in\mathbb{N}$ を任意にとる．$t_k=1/((m-k)\pi)$ $(1\leqq k\leqq m-1)$ とおいて，区間 $[0,1]$ の分割 $0=t_0\leqq t_1\leqq t_2\leqq\cdots\leqq t_{m-1}\leqq t_m=1$ を定める．ここで $I=$

$\sum_{k=1}^{m} |\zeta(t_k) - \zeta(t_{k-1})|$ を計算する．

$$|\zeta(t_k) - \zeta(t_{k-1})| = \left| \frac{1}{(m-k)\pi} e^{(m-k)\pi \boldsymbol{i}} - \frac{1}{(m-k+1)\pi} e^{(m-k+1)\pi \boldsymbol{i}} \right|$$
$$= \frac{1}{(m-k)\pi} + \frac{1}{(m-k+1)\pi}$$

これより

$$\ell(C) \geqq I \geqq \frac{1}{\pi}\left(1 + \frac{1}{2} + \frac{1}{3} + \cdots + \frac{1}{m-1}\right)$$

となる．ここで自然数 m のとり方は任意であるので $\ell(C) = \infty$ がいえる．

問 3.11　$\int_C 1\, dz = \int_a^b 1 \zeta'(t)\, dt = [\zeta(t)]_{t=a}^{t=b} = \zeta(b) - \zeta(a) = 0.$

問 3.12　$\zeta'(t) = \boldsymbol{i}$ より

$$\int_C \frac{1}{z}\, dz = \int_{-1}^{1} \frac{1}{1+t\boldsymbol{i}} \zeta'(t)\, dt = \int_{-1}^{1} \frac{(1-t\boldsymbol{i})\boldsymbol{i}}{(1+t\boldsymbol{i})(1-t\boldsymbol{i})}\, dt = \int_{-1}^{1} \frac{\boldsymbol{i}+t}{1+t^2}\, dt$$
$$= \left[\boldsymbol{i} \arctan(t) - \frac{1}{2}\log(1+t^2)\right]_{-1}^{1} = \frac{\pi \boldsymbol{i}}{2}$$

問 3.13　$(d/dz)((z^3/3) + (z^2/2) + 2z) = z^2 + z + 2$ より命題 3.13 を適用する．$\zeta(-\pi/2) = -\boldsymbol{i}$, $\zeta(\pi/2) = \boldsymbol{i}$ であるから

$$\int_C (z^2 + z + 2)\, dz = \left[\frac{z^3}{3} + \frac{z^2}{2} + 2z\right]_{z=-\boldsymbol{i}}^{z=\boldsymbol{i}} = \frac{10\boldsymbol{i}}{3}$$

$\log z$ の方は直接計算する．$\zeta'(\theta) = \boldsymbol{i}e^{\boldsymbol{i}\theta}$ であるから

$$\int_C \log z\, dz = \int_{-\pi/2}^{\pi/2} \log(e^{\boldsymbol{i}\theta})\, \boldsymbol{i}e^{\boldsymbol{i}\theta}\, d\theta = \int_{-\pi/2}^{\pi/2} \boldsymbol{i}^2 \theta e^{\boldsymbol{i}\theta}\, d\theta$$
$$= [-\boldsymbol{i}^{-1}\theta e^{\boldsymbol{i}\theta}]_{-\pi/2}^{\pi/2} - \int_{-\pi/2}^{\pi/2} (-\boldsymbol{i}^{-1}) e^{\boldsymbol{i}\theta}\, d\theta$$
$$= -\frac{\pi}{2} - \left(-\frac{\pi}{2}\right) + [\boldsymbol{i}^{-2} e^{\boldsymbol{i}\theta}]_{-\pi/2}^{\pi/2} = -2\boldsymbol{i}$$

問 3.14　$C \circ C^{-1}$ を表現する．$\widetilde{\zeta}\colon [a, 2b-a] \longrightarrow D$ を

$$C \circ C^{-1}\colon \widetilde{\zeta}(t) = \begin{cases} \zeta(t) & (a \leqq t \leqq b) \\ \zeta(2b-t) & (b \leqq t \leqq 2b-a) \end{cases}$$

で定める．ここで写像 $\phi = \phi(t,s)\colon [a, 2b-a] \times [0,1] \longrightarrow D$ を

$$\phi(t,s) = \begin{cases} \zeta((1-s)t + sa) & (a \leqq t \leqq b) \\ \zeta((1-s)(2b-t) + sa) & (b \leqq t \leqq 2b-a) \end{cases}$$

で定める．このとき写像 $\phi(t,0)$ は $C \circ C^{-1}$ に一致し，$\phi(t,1) = \zeta(a)$ $(a \leqq t \leqq 2b - a)$ となる．よって $C \circ C^{-1}$ は D で1点に可縮な閉曲線となる．$C^{-1} \circ C$ は C として C^{-1} をとれば良い．

演習問題

3.1 (1)

$$\frac{d}{dz}\tan z = \frac{d}{dz}\left(\frac{\sin z}{\cos z}\right) = \frac{\cos z \cos z - \sin z(-\sin z)}{\cos^2 z} = \frac{1}{\cos^2 z}$$

(2) $(d/dz)z^p = (d/dz)(e^{p\log z}) = e^{p\log z}(p/z) = z^p(p/z) = pz^{p-1}$

3.2 $\int_C z^2\,dz = (\zeta(1))^3/3 - (\zeta(0))^3/3 = (1+\boldsymbol{i})^3/3 - (1-\boldsymbol{i})^3/3 = 4\boldsymbol{i}/3$

$\int_C |z|^2\,dz = \int_0^1 (1+(2t-1)^2)(2\boldsymbol{i})\,dt = \int_0^1 (2-4t+4t^2)2\boldsymbol{i}\,dt = 8\boldsymbol{i}/3$

3.3 $|z| > 1$ ならば $\mathrm{Re}(1+(1/z)) > 0$ となることに注意して

$$f(z) = \left(1+\frac{1}{z}\right)^z = e^{z\log(1+(1/z))}$$

である．ここで $|z| \to \infty$ のとき $\zeta = 1/z \to 0$ なので命題3.3により

$$z\log\left(1+\frac{1}{z}\right) = \frac{1}{\zeta}\log(1+\zeta) \to 1$$

である．よって $|z| \to \infty$ のとき $f(z) \to e$ となる．

3.4

$$\begin{aligned}
&|f(w)-f(z)| = |[f((1-t)z+tw)]_{t=0}^{t=1}| \\
&= \left|\int_0^1 \frac{d}{dt}f((1-t)z+tw)\,dt\right| = \left|\int_0^1 \frac{df}{dz}((1-t)z+tw)\,dt\,(w-z)\right| \\
&\leqq \int_0^1 \left|\frac{df}{dz}((1-t)z+tw)\right| dt\,|w-z| \leqq M|w-z|
\end{aligned}$$

3.5 領域 $D = \{z \in \mathbb{C} \mid z \neq 1\}$ における正則関数 $F(z) = -1/(z-1)$ に対して $dF/dz = 1/(z-1)^2$ となる．すなわち F は $1/(z-1)^2$ の複素微分の意味で原始関数である．ここで C は D における C^1 級閉曲線であるので $\int_C 1/(z-1)^2\,dz = 0$ である．

3.6 $|\alpha_n a_n|^{1/n}$ の $n \to \infty$ の極限を見る．

$$|\alpha_n|^{1/n} = \left|n^p + \sum_{j=1}^{p} c_j n^{p-j}\right|^{1/n} = (n^{1/n})^p\left|1 + \sum_{j=1}^{p} c_j n^{-j}\right|^{1/n}$$

であり，$\lim_{n\to\infty} n^{1/n} = 1$, $\lim_{n\to\infty} |\sum_{j=1}^{p} c_j n^{-j}| = 0$ であるから $\lim_{n\to\infty} |\alpha_n|^{1/n} = 1$ である．よって

$$\limsup_{n\to\infty}|\alpha_n a_n|^{1/n} = \limsup_{n\to\infty}|a_n|^{1/n} = \frac{1}{r}$$

となり結論が得られる.

3.7 $F(z) = f(z)g(z)$ に対して命題 3.13 を適用してやれば良い.

3.8 問題 3.5 と同様である.

3.9 (1) 命題 3.3 により，ある $\delta > 0$ があって $|\zeta| < \delta$ ならば $\log(1+\zeta) \leqq 2|\zeta|$ となる．一方，$\delta \leqq |\zeta| \leqq 1/2$ における $|\log(1+\zeta)|/|\zeta|$ の連続性と最大値最小値の定理によりこの関数は $\delta \leqq |\zeta| \leqq 1/2$ で正の最大値をとる．この値を γ' とし $\gamma = \max(\gamma', 2)$ とおけば求める不等式となる.

(2) 適当な番号 N をとれば $|\alpha_m| \leqq 1/2$ $(m \geqq N)$, $\sum_{k=N}^{\infty}|\alpha_k| < \pi/(2\gamma)$ となる．これらと等式

$$|\log z|^2 = (\log|z|)^2 + (\arg(z))^2 \quad (\mathrm{Re}(z) > 0)$$

を用いて

$$\sum_{k=N}^{\infty}|\arg(1+\alpha_k)| \leqq \sum_{k=N}^{\infty}|\log(1+\alpha_k)| \leqq \gamma\sum_{k=N}^{\infty}|\alpha_k| < \frac{\pi}{2}$$

となるから

$$\log\prod_{k=N}^{n}(1+\alpha_k) = \sum_{k=N}^{n}\log(1+\alpha_k)$$

を得る．これにより $\sum_{k=N}^{\infty}\log(1+\alpha_k)$ は絶対収束する．よって $\prod_{k=N}^{n}(1+\alpha_k)$ は $n\to\infty$ のとき収束する．これにより $\lim_{n\to\infty}\prod_{k=1}^{n}(1+\alpha_k)$ が存在する.

3.10 任意の $\epsilon \in (0, r)$ をとり $|z| \leqq r - \epsilon$ において級数 $\sum_{n=0}^{\infty}c_n z^n$ が収束することを示す．仮定よりある番号 N_i があって

$$|a_n|^{1/n} < \frac{1}{r_1 - (\epsilon/2)}\ (n \geqq N_1), \quad |b_n|^{1/n} < \frac{1}{r_2 - (\epsilon/2)}\ (n \geqq N_2)$$

となる．$r = \min(r_1, r_2)$ より

$$N = \max(N_1, N_2), \quad M = \max(|a_0|, \ldots, |a_N|, |b_0|, \ldots, |b_N|)$$

とおけば

$$|a_n|^{1/n} < \frac{1}{r - (\epsilon/2)}, \quad |b_n|^{1/n} < \frac{1}{r - (\epsilon/2)}\ (n \geqq N)$$

となる．$n \geqq 2N+1$ として

$$|c_n| = \left|\sum_{k=0}^{n}a_{n-k}b_k\right| \leqq \sum_{k=0}^{N-1}|a_{n-k}|\,|b_k| + \sum_{k=N}^{n-N}|a_{n-k}|\,|b_k| + \sum_{k=n-N+1}^{n}|a_{n-k}|\,|b_k|$$

$$\leqq \sum_{k=0}^{N-1} M\left(r-\frac{\epsilon}{2}\right)^{-(n-k)} + \sum_{k=N}^{n-N}\left(r-\frac{\epsilon}{2}\right)^{-n} + \sum_{k=n-N+1}^{n} M\left(r-\frac{\epsilon}{2}\right)^{-k}$$

$$\leqq 2\sum_{k=0}^{N-1} M\left(r-\frac{\epsilon}{2}\right)^{-(n-k)} + (n-2N)\left(r-\frac{\epsilon}{2}\right)^{-n}$$

$$|c_n|^{1/n} \leqq \left(r-\frac{\epsilon}{2}\right)^{-1} n^{1/n}\left(2\sum_{k=0}^{N-1}\frac{M(r-(\epsilon/2))^k}{n} + \left(1-\frac{2N}{n}\right)\right)^{\frac{1}{n}}$$

を得る．これにより $\limsup_{n\to\infty}|c_n|^{1/n} \leqq 1/(r-(\epsilon/2))$ となる．$\epsilon > 0$ はいくらでも小さくとれるので $\limsup_{n\to\infty}|c_n|^{1/n} \leqq 1/r$ となり $\sum_{n=0}^{\infty} c_n z^n$ の収束半径は r 以上である．

$|z| \leqq r-\epsilon$ の範囲で考える．このとき $0 < |z|/(r-(\epsilon/2)) < 1$ に留意する．

$$J_n(z) = \left(\sum_{k=0}^{n} a_k z^k\right)\left(\sum_{\ell=0}^{n} b_\ell z^\ell\right) - \sum_{s=0}^{n} c_s z^s = \sum_{n+1\leqq k+\ell,\, k\leqq n,\, \ell\leqq n} a_k b_\ell z^{k+\ell}$$

$$|J_n(z)| \leqq \sum_{n+1\leqq k+\ell\leqq 2n} |a_k|\,|b_\ell|\,|z|^{k+\ell} = \sum_{p=n+1}^{2n}\sum_{k=0}^{p} |a_{p-k}|\,|b_k|\,|z|^p$$

$$\leqq \sum_{p=n+1}^{2n}\left(\sum_{k=0}^{N-1} M\left(r-\frac{\epsilon}{2}\right)^{-(p-k)} + \sum_{k=N}^{n-N}\left(r-\frac{\epsilon}{2}\right)^{-p} + \sum_{k=n-N+1}^{n} M\left(r-\frac{\epsilon}{2}\right)^{-k}\right)|z|^p$$

$$\leqq \sum_{p=n+1}^{2n}\left(2\sum_{k=0}^{N-1} M\left(r-\frac{\epsilon}{2}\right)^{k} + (n-2N)\right)\left(\frac{|z|}{r-(\epsilon/2)}\right)^{p}$$

$$\leqq \left(2\sum_{k=0}^{N-1} M\left(r-\frac{\epsilon}{2}\right)^{k} + (n-2N)\right)\left(\frac{|z|}{r-(\epsilon/2)}\right)^{n+1}$$

$$\times\frac{1}{1-\{|z|/(r-(\epsilon/2))\}} \to 0 \qquad (n\to\infty)$$

を得る．よって $\lim_{n\to\infty} J_n(z) = 0$ $(|z| \leqq r-\epsilon)$．$\epsilon > 0$ は任意であるから結論を得る．

3.11 問題 3.10 を繰り返し用いる．$c_n = (n+m-1)!/(n!(m-1)!)$．

3.12 問題 3.10 を用いる．

3.13 $z \neq 0$ として $\iota(\zeta) = (|z+\zeta|^2 - |z|^2)/\zeta = z(\overline{\zeta}/\zeta) + \overline{z} + \overline{\zeta}$ $(\zeta \in \mathbb{C})$ の $\zeta \to 0$ の極限を見る．$\zeta = t \in \mathbb{R}$ として $t \to 0$ としたときは $\iota(\zeta) \to z + \overline{z}$ となる．一方 $\zeta = t\boldsymbol{i}$ $(t \in \mathbb{R})$ として $t \to 0$ としたときは $\iota(\zeta) \to -z + \overline{z}$ となり，両者は一致しない．よって $|z|^2$ は複素微分可能ではない．

3.14 $D^* = \{\overline{z} \mid z \in D\}$ 上の関数 $F(z) = \overline{f(\overline{z})}$ の $w \in D^*$ での微分可能性を見る．

$$\iota(\zeta) := \frac{F(w+\zeta) - F(w)}{\zeta} = \frac{1}{\zeta}(\overline{f(\overline{w+\zeta})} - \overline{f(\overline{w})}) = \overline{\left(\frac{f(\overline{w}+\overline{\zeta}) - f(\overline{w})}{\overline{\zeta}}\right)}$$

ここで $\overline{w} \in D$ であり，$\zeta \to 0 \iff \overline{\zeta} \to 0$ である．f の複素微分可能性により $\iota(\zeta) \to \overline{f'(\overline{w})}$ となる．

3.15

$$\frac{d}{dz}(e^{-z}u(z)) = -e^{-z}u(z) + e^{-z}u'(z) = e^{-z}(-u(z) + u'(z)) = 0$$

となる．よって $e^{-z}u(z)$ は定数関数となるが $u(0) = 1$ よりこの定数は 1 である．これより結論が成立する．

3.16 $R > 0$ に対して $|z| \leqq R$ の範囲に限定して議論して問題 3.9 を適用すれば良い．

第 4 章

問 4.1 コーシーの積分公式を適用する．

(1) $f_1(z) = 1/(z-2)$ は $|z| < 3/2$ で正則なので

$$\frac{1}{2\pi \boldsymbol{i}}\int_{C(1)} \frac{f_1(z)}{z}\,dz = f_1(0) = -\frac{1}{2}$$

となり $\int_{C(1)} f_1(z)/z\,dz = -\pi\boldsymbol{i}$.

(2) $f_2(z) = e^{-z}$ は複素平面全体で正則なので

$$\frac{1}{2\pi \boldsymbol{i}}\int_{C(2)} \frac{f_2(z)}{z-1}\,dz = f_2(1) = e^{-1}$$

より $\int_{C(2)} f_2(z)/(z-1)\,dz = 2\pi\boldsymbol{i}e^{-1}$ となる．

(3) $f_3(z) = 1/\{(z-3)(z-4)\}$ は $|z| < 5/2$ で正則だから

$$\frac{1}{2\pi \boldsymbol{i}}\int_{C(2)} \frac{f_3(z)}{z}\,dz = f_3(0) = \frac{1}{12}$$

より $\int_{C(2)} f_3(z)/z\,dz = \pi\boldsymbol{i}/6$ となる．

問 4.2 以下で定理 4.6 を適用する．

(1) $f_1(z) = e^z/(z+2)$ は $|z| < 3/2$ で正則である．$2!/(2\pi\boldsymbol{i})\int_{C(1)} f_1(z)/z^3\,dz = (d^2 f_1/dz^2)(0)$ となる．ここで

$$\frac{df_1}{dz} = \frac{e^z(z+2) - e^z}{(z+2)^2} = \frac{e^z(z+1)}{(z+2)^2}$$

$$\frac{d^2 f_1}{dz^2} = \frac{(e^z(z+1)+e^z)(z+2)^2 - e^z(z+1)2(z+2)}{(z+2)^4} = \frac{e^z(z^2+2z+2)}{(z+2)^3}$$

$(d^2 f_1/dz^2)(0) = 1/4$ となるから $\int_{C(1)} f_1(z)/z^3\,dz = \pi\boldsymbol{i}/4$ となる.

(2) $f_2(z) = \sin(\pi z)$ は複素平面全体で正則なので

$$\frac{1}{2\pi\boldsymbol{i}}\int_{C(2)} \frac{f_2(z)}{(z-1)^2}\,dz = \frac{df_2}{dz}(1) = \pi\cos(\pi z)\big|_{z=1} = -\pi$$

これより $\int_{C(2)} f_2(z)/(z-1)^2\,dz = -2\pi^2\boldsymbol{i}$ となる.

問 4.3 コーシーの積分公式を適用. (1) 1 (2) e (3) $\log 2 + (\pi/2)\boldsymbol{i}$ (4) -1

問 4.4

$$f(z) = \frac{e^z}{(z-a)^2} = e^a\,\frac{e^{z-a}}{(z-a)^2} = e^a\left(\sum_{m=0}^{\infty}\frac{(z-a)^m}{m!}\right)\frac{1}{(z-a)^2}$$
$$= \frac{e^a}{(z-a)^2} + \frac{e^a}{z-a} + \sum_{m=2}^{\infty} e^a\,\frac{(z-a)^{m-2}}{m!}$$

問 4.5 コーシーの積分定理とコーシーの積分公式を適用する.

問 4.6 ベキ級数の定理により $f(z) = a_0 + \sum_{n=1}^{\infty} a_n(z-w)^n$ として w の近傍において表現する. 収束半径は正なので r とおく. 仮定の $f(w) = 0$ より $a_0 = 0$ が従い, $z \neq w$ では $\widetilde{f}(z) = a_1 + \sum_{n=2}^{\infty} a_n\,(z-w)^{n-1}$ である. このベキ級数は $|z-w| < r$ で収束している. さて $a_1 = f'(w)$ となっているから定理の結論を得る.

問 4.7 $f(z) = (\sin(\pi z))/(z-n)$ とおくと問 4.6 により

$$\widetilde{f}(z) = \begin{cases} f(z) & (0 < |z-n| < 1) \\ \pi\cos(n\pi) & (z = n) \end{cases}$$

と定めると $\widetilde{f}$ は n の近傍で正則で $\widetilde{f}(n) = \pi(-1)^n$ である.

$$\mathrm{Res}\left(\frac{1}{\sin(\pi z)}, n\right) = \frac{1}{2\pi\boldsymbol{i}}\int_{|z-n|=1/2}\frac{1}{\widetilde{f}(z)}\,\frac{1}{z-n}\,dz = \frac{1}{\widetilde{f}(n)} = \frac{(-1)^n}{\pi}$$

問 4.8 $2\pi\boldsymbol{i}\,\mathrm{Res}(\exp(\frac{1}{z(z-1)}), 0)$ を求めるためローラン展開を考える.

$$\exp\left(\frac{1}{z(z-1)}\right) = \sum_{n=0}^{\infty}\frac{1}{n!}\left(\frac{1}{z(z-1)}\right)^n$$
$$\left(\frac{1}{z(z-1)}\right)^n = \frac{(-1)^n}{z^n}(1+z+z^2+\cdots)^n = \frac{(-1)^n}{z^n}\left(\sum_{p=0}^{\infty} {}_{p+n-1}\mathrm{C}_p\, z^p\right)$$

$(|z| < 1)$ である．上のベキ級数の展開に関しては問題 3.10, 3.11 を参照すると良い．留数を求めるため z^{-1} の項に注目して次を得る．

$$\mathrm{Res}\left(\exp\left(\frac{1}{z(z-1)}\right), 0\right) = \sum_{n=0}^{\infty} \frac{(-1)^n}{n!}\, {}_{2n-2}\mathrm{C}_{n-1}$$

問 4.9 上半平面側に閉曲線の積分路 $C(R) = C_1(R) \circ C_2(R)$ を考える．ここで $C_1(R)$, $C_2(R)$ は以下で与えられる．

$$C_1(R) = \{z \in \mathbb{R} \mid -R \leqq z \leqq R\}, \quad C_2(R) = \{Re^{\theta \boldsymbol{i}} \mid 0 \leqq \theta \leqq \pi\}$$

反時計回りの向きが与えられているとする．$f(z) = 1/\{(z^2+1)(z^4+1)\}$ は $z = \pm\boldsymbol{i}, z = e^{\pm\pi\boldsymbol{i}/4}$, $z = e^{\pm 3\pi\boldsymbol{i}/4}$ を孤立特異点にもつが，このうち上半平面上にあるものを考慮する．そして留数定理を適用すると

$$(*) \qquad \frac{1}{2\pi\boldsymbol{i}} \int_{C(R)} f(z)\, dz = \mathrm{Res}(f, \boldsymbol{i}) + \mathrm{Res}(f, e^{\pi\boldsymbol{i}/4}) + \mathrm{Res}(f, e^{3\pi\boldsymbol{i}/4})$$

となる．ただし $R > 1$ とした．まず右辺を計算する．

$$f(z) = \frac{1}{(z-\boldsymbol{i})(z+\boldsymbol{i})(z-e^{\pi\boldsymbol{i}/4})(z-e^{3\pi\boldsymbol{i}/4})(z-e^{5\pi\boldsymbol{i}/4})(z-e^{7\pi\boldsymbol{i}/4})}$$

$$\mathrm{Res}(f, \boldsymbol{i}) = \frac{1}{4\boldsymbol{i}}, \quad \mathrm{Res}(f, e^{\pi\boldsymbol{i}/4}) = -\frac{1}{4\sqrt{2}}, \quad \mathrm{Res}(f, e^{3\pi\boldsymbol{i}/4}) = \frac{1}{4\sqrt{2}}$$

一方，左辺を評価するため以下の計算をする．

$$\left|\int_{C_2(R)} f(z)\, dz\right| \leqq \int_{C_2(R)} |f(z)|\, |dz|$$

$$\leqq \int_{C_2(R)} \frac{1}{(R^2-1)(R^4-1)} |dz| = \frac{\pi R}{(R^2-1)(R^4-1)} \to 0 \quad (R \to \infty)$$

$(*)$ において $R \to \infty$ として

$$\lim_{R\to\infty} \frac{1}{2\pi\boldsymbol{i}} \int_{-R}^{R} f(x)\, dx = \frac{1}{4\boldsymbol{i}} + \left(-\frac{1}{4\sqrt{2}}\right) + \frac{1}{4\sqrt{2}} = \frac{1}{4\boldsymbol{i}}$$

$\int_{-\infty}^{\infty} 1/\{(x^2+1)(x^4+1)\}\, dx = \pi/2$ となる．

演習問題

4.1 コーシーの積分公式にあてはめる．(1) $2\pi\boldsymbol{i}$ (2) $\pi\boldsymbol{i}$

4.2 コーシーの積分公式にあてはめる．(1) 0 (2) $-2\pi\boldsymbol{i}/3$

4.3 (1) $f(z) = e^{z^2}$ とおくと定理 4.6 の公式により

$$f'(0) = \frac{1}{2\pi\boldsymbol{i}} \int_{C(1)} \frac{f(z)}{z^2}\, dz, \quad f'(0) = 2ze^{z^2}\Big|_{z=0} = 0$$

(2) 定理 4.6 を用いる．$g(z) = e^z/(z-2)$ として

$$g'(0) = \left.\frac{e^z(z-2) - e^z}{(z-2)^2}\right|_{z=0} = -\frac{3}{4}$$

となるので $\int_{C(1)} e^z/(z^2(z-2))\,dz = -\frac{3\pi \boldsymbol{i}}{2}$ となる．

4.4 定理 4.6 より $z \in \mathbb{C}$ として

$$\frac{d^{p+1}f}{dz^{p+1}}(z) = \frac{(p+1)!}{2\pi \boldsymbol{i}} \int_{C(R)} \frac{f(\zeta)}{(\zeta - z)^{p+2}}\,d\zeta$$

である．ただし $R > |z|$ とした．

$$\begin{aligned}
\left|\frac{d^{p+1}f}{dz^{p+1}}(z)\right| &\leqq \frac{(p+1)!}{2\pi} \int_{C(R)} \frac{|f(\zeta)|}{|\zeta - z|^{p+2}}\,|d\zeta| \\
&\leqq \frac{(p+1)!}{2\pi} \int_{C(R)} \frac{c|\zeta|^p + d}{(|\zeta| - |z|)^{p+2}}\,|d\zeta| \leqq \frac{(p+1)!}{2\pi} \int_{C(R)} \frac{cR^p + d}{(R - |z|)^{p+2}}\,|d\zeta| \\
&\leqq \frac{(p+1)!}{2\pi}\, 2\pi R \frac{cR^p + d}{(R - |z|)^{p+2}} \to 0 \quad (R \to \infty)
\end{aligned}$$

このことから $(d^{p+1}f/dz^{p+1})(z) = 0$ が成立する．よって f は高々 p 次の多項式関数となる．

4.5 線積分を $\zeta = 1/z$ として命題 3.14 を用いて変数変換し定理 4.6 を適用すれば良い．

4.6 D は凸であるから，任意の $z \in D$ に対して $(1-t)z_0 + tz \in D$ $(0 \leqq t \leqq 1)$ となることに注意．

(1) これが正則となることを示す．

$$\begin{aligned}
&\frac{F(z+\zeta) - F(z)}{\zeta} \\
&= \int_0^1 \frac{f((1-t)z_0 + t(z+\zeta)) - f((1-t)z_0 + tz)}{\zeta}\,dt\,(z - z_0) \\
&\quad + \int_0^1 f((1-t)z_0 + t(z+\zeta))\,dt \\
&= \int_0^1\!\!\int_0^1 f'((1-t)z_0 + t(z + s\zeta))\,t\,ds\,dt\,(z - z_0) + \int_0^1 f((1-t)z_0 + t(z+\zeta))\,dt \\
&\longrightarrow \int_0^1 f'((1-t)z_0 + tz)\,t\,dt\,(z - z_0) + \int_0^1 f((1-t)z_0 + tz)\,dt \quad (\zeta \to 0)
\end{aligned}$$

これが $F'(z)$ である．よって F は各点 $z \in D$ で複素微分可能である．

(2) (1) で求めた F の導関数 $F'(z)$ を書き直す．

$$F'(z) = \int_0^1 \frac{d}{dt}\{f((1-t)z_0+tz)\}\,t\,dt + \int_0^1 f((1-t)z_0+tz)\,dt$$
$$= [f((1-t)z_0+tz)\,t]_{t=0}^{t=1} - \int_0^1 f((1-t)z_0+tz)\,dt$$
$$+ \int_0^1 f((1-t)z_0+tz)\,dt = f(z)$$

4.7 $\zeta = 1/z$ によって線積分を置換積分する．$z \in C(R)$ が変化するとき $\zeta \in C(1/R)^{-1}$ で変化するので積分の値は命題 3.14 の公式により線積分は

$$\int_{C(1/R)^{-1}} \frac{1}{(1/\zeta - a_1)(1/\zeta - a_2)\cdots(1/\zeta - a_m)}\left(-\frac{1}{\zeta^2}\right)d\zeta$$
$$= \int_{C(1/R)^{-1}} \frac{-\zeta^{m-2}}{(1-a_1\zeta)(1-a_2\zeta)\cdots(1-a_m\zeta)}\,d\zeta$$
$$= \int_{C(1/R)} \frac{\zeta^{m-2}}{(1-a_1\zeta)(1-a_2\zeta)\cdots(1-a_m\zeta)}\,d\zeta$$

ここで $R > \max_{1 \leqq j \leqq m}|a_j|$ であるので $|\zeta| = R^{-1} < 1/\max_{1 \leqq j \leqq m}|a_j|$ となりコーシーの積分定理によりこの線積分はゼロである．

4.8 f を w においてベキ級数表示する．すなわち $f(z) = \sum_{n=0}^{\infty} a_n\,(z-w)^n$ となるが収束半径は R 以上になることに注意する．仮定より $a_0 = a_1 = \cdots = a_p = 0$ となるので f は

$$f(z) = (z-w)^{p+1}\left(a_{p+1} + \sum_{n=p+2}^{\infty} a_n(z-w)^{n-p-1}\right) \quad (a_{p+1} \neq 0)$$

と表現され，$g(z) = a_{p+1} + \sum_{n=p+2}^{\infty} a_n(z-w)^{n-p-1}$ とおくと，このベキ級数の収束半径も R 以上である．

4.9 (1) 留数定理を用いる．

$$\int_{C(4)} \frac{1}{\sin z}\,dz = 2\pi\boldsymbol{i}\left(\mathrm{Res}\left(\frac{1}{\sin z},0\right) + \mathrm{Res}\left(\frac{1}{\sin z},\pi\right) + \mathrm{Res}\left(\frac{1}{\sin z},-\pi\right)\right)$$
$$= 2\pi\boldsymbol{i}\,\mathrm{Res}\left(\frac{z}{\sin z}\frac{1}{z},0\right) + 2\pi\boldsymbol{i}\,\mathrm{Res}\left(\frac{z-\pi}{\sin z}\frac{1}{z-\pi},\pi\right) + 2\pi\boldsymbol{i}\,\mathrm{Res}\left(\frac{z+\pi}{\sin z}\frac{1}{z+\pi},-\pi\right)$$
$$= 2\pi\boldsymbol{i}(1+(-1)+(-1)) = -2\pi\boldsymbol{i}$$

(2) 留数定理を用いる．

$$\int_{C(3)} \frac{z^2}{\cos z}\,dz = 2\pi\boldsymbol{i}\,\mathrm{Res}\left(\frac{z^2}{\cos z},\frac{\pi}{2}\right) + 2\pi\boldsymbol{i}\,\mathrm{Res}\left(\frac{z^2}{\cos z},-\frac{\pi}{2}\right)$$

$$= 2\pi \boldsymbol{i} \operatorname{Res}\left(\frac{z^2(z-(\pi/2))}{\cos z}\frac{1}{z-(\pi/2)}, \frac{\pi}{2}\right)$$
$$+ 2\pi \boldsymbol{i} \operatorname{Res}\left(\frac{z^2(z+(\pi/2))}{\cos z}\frac{1}{z+(\pi/2)}, -\frac{\pi}{2}\right)$$
$$= 0$$

4.10 問題 4.4 と直接同じ方法で示せる．または間接的な方法もある．$|z| \geqq 1$ においては $|z|^{1/2} \leqq |z|$ であるから $|f(z)| \leqq c_1|z| + c_1 + c_2$ となるので問題 4.4 の $p = 1$ の条件が成立する．よって $f(z) = Az + B$（A, B は定数）となる．もし $A \neq 0$ ならばこの問題の仮定が成立しなくなるので $A = 0$ でなければならない．

4.11 $g(z) = f(z)/e^z$ を考えると g は $\mathbb{C}$ で正則で $|g(z)| \leqq M$ $(z \in \mathbb{C})$ となるからリウビルの定理により g は定数関数である．また $g(w) = f(w)/e^w = 0$ より g は恒等的にゼロである．

4.12 $w = 0$ の場合で議論する（平行移動をすることでこの場合に帰着できる）．$z = 0$ の近傍でベキ級数で表現する．ある $r > 0$ があって

$$f(z) = \sum_{n=0}^{\infty} a_n z^n, \quad g(z) = \sum_{m=0}^{\infty} b_m z^m \quad (|z| < r)$$

と書ける．仮定より $a_0 = b_0 = 0$ である．いま $a_n \neq 0$, $b_m \neq 0$ となる最小の自然数 m, n をそれぞれ p, q とおく．このとき

$$f(z) = z^p \sum_{n=p}^{\infty} a_n z^{n-p}, \quad g(z) = z^q \sum_{m=q}^{\infty} b_m z^{m-q}$$

$$f'(z) = \sum_{n=p}^{\infty} n a_n z^{n-1}, \quad g'(z) = \sum_{m=q}^{\infty} m b_m z^{m-1}$$

$$\frac{f(z)}{g(z)} = z^{p-q}\frac{a_p + \sum_{n=p+1}^{\infty} a_n z^{n-p}}{b_q + \sum_{m=q+1}^{\infty} b_m z^{m-q}} \quad (z \neq 0)$$

$$\frac{f'(z)}{g'(z)} = z^{p-q}\frac{p a_p + \sum_{n=p+1}^{\infty} n a_n z^{n-p}}{q b_q + \sum_{m=q+1}^{\infty} m b_m z^{m-q}} \quad (z \neq 0)$$

$a_p \neq 0$, $b_q \neq 0$ に注意すると仮定より $p \geqq q$ である．なぜなら $p < q$ なら $\lim_{z \to 0} |f'(z)/g'(z)| = \infty$ となるからである．以上より (i) $p = q$, (ii) $p > q$ の 2 つのケースに分けられる．

(i) の場合は $\lim_{z\to 0} f'(z)/g'(z) = a_p/b_p$, $\lim_{z\to 0} f(z)/g(z) = a_p/b_p$ となる．一方 (ii) の場合は $\lim_{z\to 0} f(z)/g(z) = \lim_{z\to 0} f'(z)/g'(z) = 0$ となり結論は成立する．

4.13 定理 4.6 を適用すれば良い.

4.14 計算例 D の類似の課題なのでそれを参考にする.

$$f(z) = \frac{\cot(\pi z)}{z^4+\epsilon^4} = \frac{\cot(\pi z)}{(z-\alpha_1)(z-\alpha_2)(z-\alpha_3)(z-\alpha_4)}$$

計算例 D と同じ積分路 $C(n)$ を採用する. $n \in \mathbb{N}$, $n > \max(3, \sqrt{2}\,\epsilon + 1)$ とする.

$$\frac{1}{2\pi \boldsymbol{i}} \int_{C(n)} f(z)\,dz = \sum_{j=1}^{4} \operatorname{Res}(f, \alpha_j) + \sum_{k=-n}^{n} \operatorname{Res}(f, k)$$

となる. ここで $\alpha_1 = \epsilon e^{\pi \boldsymbol{i}/4}$, $\alpha_2 = \epsilon e^{3\pi \boldsymbol{i}/4}$, $\alpha_3 = \epsilon e^{5\pi \boldsymbol{i}/4}$, $\alpha_4 = \epsilon e^{7\pi \boldsymbol{i}/4}$ とした.

$$\begin{aligned}
&\frac{1}{2\pi \boldsymbol{i}} \int_{C(n)} f(z)\,dz \\
&= \frac{\cot(\pi\alpha_1)}{(\alpha_1-\alpha_2)(\alpha_1-\alpha_3)(\alpha_1-\alpha_4)} \\
&\quad + \frac{\cot(\pi\alpha_2)}{(\alpha_2-\alpha_1)(\alpha_2-\alpha_3)(\alpha_2-\alpha_4)} + \frac{\cot(\pi\alpha_3)}{(\alpha_3-\alpha_1)(\alpha_3-\alpha_2)(\alpha_3-\alpha_4)} \\
&\quad + \frac{\cot(\pi\alpha_4)}{(\alpha_4-\alpha_1)(\alpha_4-\alpha_2)(\alpha_4-\alpha_3)} + \sum_{k=-n}^{n} \frac{1}{\pi(k^4+\epsilon^4)}
\end{aligned}$$

$\alpha_1, \alpha_2, \alpha_3, \alpha_4$ を代入して右辺を計算すると, 計算例 D と同様に $n \to \infty$ として左辺はゼロに収束することから次を得る.

$$\sum_{n\in\mathbb{Z}} \frac{1}{n^4+\epsilon^4} = \frac{\pi}{\sqrt{2}\,\epsilon^3}\ \frac{\sinh(\sqrt{2}\,\pi\epsilon)+\sin(\sqrt{2}\,\pi\epsilon)}{\cosh(\sqrt{2}\,\pi\epsilon)-\cos(\sqrt{2}\,\pi\epsilon)}$$

両辺から $1/\epsilon^4$ を引いて 2 で割って $\epsilon \downarrow 0$ として極限をとることで $\sum_{n\in\mathbb{N}}(1/n^4) = \pi^4/90$ を得る.

4.15 仮定よりある $R>0$ があって $f(z) \neq 0$ $(|z|>R)$ となるので $g(\zeta) = 1/f(1/\zeta)$ は $|\zeta| < 1/R$ で正則で $\lim\limits_{\zeta\to 0} g(\zeta) = 0$ となる. 収束ベキ級数 $g(\zeta) = \sum_{n=0}^{\infty} a_n\zeta^n$ の形に表現する. このとき $a_0 = 0$ である. ある $m \in \mathbb{N}$ があって $a_0 = a_1 = \cdots = a_{m-1} = 0$, $a_m \neq 0$ となる.

$$g(\zeta) = a_m\zeta^m\left(1 + \sum_{k=m+1}^{\infty} a_k\zeta^{k-m}\right) \quad (|\zeta| < 1/R)$$

$\lim\limits_{\zeta\to 0} g(\zeta)/\zeta^m = a_m$ となる. これを f に直して結論を得る.

第 5 章

問 5.1　条件は $2a_1 = b_2$, $b_1 = 2c_2$, $b_1 + 2a_2 = 0$, $2c_1 + b_2 = 0$ である．得られた条件を u, v に代入して $f(z) = (a_1 + a_2\boldsymbol{i})z^2$ となり z の多項式となるので正則関数である．

問 5.2　$x = r\cos\theta$, $y = r\sin\theta$ であるから

$$\frac{\partial u}{\partial r} = \frac{\partial u}{\partial x}\frac{\partial x}{\partial r} + \frac{\partial u}{\partial y}\frac{\partial y}{\partial r} = \frac{\partial u}{\partial x}\cos\theta + \frac{\partial u}{\partial y}\sin\theta$$
$$\frac{\partial u}{\partial \theta} = \frac{\partial u}{\partial x}\frac{\partial x}{\partial \theta} + \frac{\partial u}{\partial y}\frac{\partial y}{\partial \theta} = \frac{\partial u}{\partial x}(-r\sin\theta) + \frac{\partial u}{\partial y}r\cos\theta$$

であり，これを $\partial u/\partial x$, $\partial u/\partial y$ について解いて

$$\frac{\partial u}{\partial y} = \frac{\partial u}{\partial r}\sin\theta + \frac{1}{r}\frac{\partial u}{\partial \theta}\cos\theta, \quad \frac{\partial u}{\partial x} = \frac{\partial u}{\partial r}\cos\theta - \frac{1}{r}\frac{\partial u}{\partial \theta}\sin\theta$$
$$\frac{\partial v}{\partial y} = \frac{\partial v}{\partial r}\sin\theta + \frac{1}{r}\frac{\partial v}{\partial \theta}\cos\theta, \quad \frac{\partial v}{\partial x} = \frac{\partial v}{\partial r}\cos\theta - \frac{1}{r}\frac{\partial v}{\partial \theta}\sin\theta$$

を得る．これをコーシー・リーマン方程式 $\partial u/\partial x - \partial v/\partial y = 0$, $\partial u/\partial y + \partial v/\partial x = 0$ に代入して $\partial u/\partial r = (1/r)\partial v/\partial\theta$, $-\partial v/\partial r = (1/r)\partial u/\partial\theta$ を得る．

問 5.3　$f(z) = \alpha z^m$ は多項式関数であるので正則関数である．よって $u(x, y) = \mathrm{Re}(\alpha(x + y\boldsymbol{i})^m)$ は定理 5.1 のあとの適用例により調和関数となる．

問 5.4　$z = re^{\theta\boldsymbol{i}}$ によって f を表す．$f(z) = e^{r^2}$, $r = |z|$ であるが，$u(z) = \mathrm{Re}(f(z)) = e^{r^2}$, $v(z) = \mathrm{Im}(f(z)) = 0$ である．f が正則とすれば問 5.2 より $\partial u/\partial r = (1/r)\partial v/\partial\theta$ であるが，$\partial u/\partial r = 2re^{r^2}$, $\partial v/\partial\theta = 0$ だから，成立しない．よって f は正則でない．

問 5.5　$f(z) = (\cos z)^2 + (\sin z)^2 - 1$ は $\mathbb{C}$ における正則関数である．ここで，正則関数 $g(z) = 0$（定数関数）を考えると f, g は $\mathbb{R}$ で一致している．$\mathbb{R}$ は集積点をもつので一致の定理により $\mathbb{C}$ 全体で f, g は一致する．

問 5.6　$f(z) = e^z$ は正則関数で，$u(x, y) = \mathrm{Re}(f(x + y\boldsymbol{i}))$ となるので定理 5.8 を適用すれば良い．

問 5.7　$f(z) = \log(2 + z)$ は $\mathrm{Re}(z) > -2$ の範囲で正則なので，その実部 $u(z) = \log|2 + z|$ はこの範囲において平均値の性質を満たしている．よって $I = 2\pi u(0) = 2\pi\log 2$ となる．

問 5.8　$(e^z - 1)/z = 1 + \sum_{n=2}^{\infty}(z^{n-1}/n!)$ $(z \neq 0)$ であるが，$z = 0$ は除去可能特異点である．

問 5.9　(1)　$z_n = 1/n$　　(2)　$z_n = -(1/n)$　　(3)　$z_n = 1/(2n\pi\boldsymbol{i})$

問 5.10　(1)　$0, \pm 1$；極　　(2)　$z = 0$；極　　(3)　$z = 0$；真性特異点

(4)　0, ± 1；極　　(5)　$(\pi/2)+m\pi$ $(m\in\mathbb{Z})$；極

問 5.11　f, g は D においてそれぞれ孤立特異点のみをもつので $f+g$, fg は孤立特異点のみをもつ．それぞれを局所的に表現することで $f+g$, fg も極をもつか正則となる．$f\not\equiv 0$ が正則な領域において零点の集合は集積点をもたず，各零点の位数が有限である．よってその零点では $1/f$ の極となっている．

問 5.12　2 つの正則関数 $f(z)=e^{-z-2}$, $g(z)=z$ を考える．$|z|=1$ に対し $|f(z)|<e^{-1}$, $|g(z)|=1$ であるので，$|z|=1$ で $|f(z)|<|g(z)|$ が成立する．よってルーシェの定理により，$f(z)+g(z)$, $g(z)$ は零点を $|z|<1$ に同数もつ．

演習問題

5.1　以下 $\mathbb{C}$ の変数 z に対し $x=\mathrm{Re}(z)$, $y=\mathrm{Im}(z)$ を用いる．$u(x,y)=\mathrm{Re}(f(z))$, $v(x,y)=\mathrm{Im}(f(z))$ とすれば，仮定および定理 5.1 よりコーシー・リーマン方程式

$$(*)\qquad \frac{\partial u}{\partial x}=\frac{\partial v}{\partial y},\quad \frac{\partial u}{\partial y}=-\frac{\partial v}{\partial x}\quad ((x,y)\in\mathbb{R}^2)$$

が成立する．以下これを用いる．

(i)　$\mathrm{Im}(f(z))=v(x,y)$ が定数関数ならば $\partial v/\partial x=0$, $\partial v/\partial y=0$ $((x,y)\in\mathbb{R}^2)$ となる．$(*)$ より $\partial u/\partial y=0$, $\partial u/\partial x=0$ となり u は定数関数となる．

(ii)　(i) と同様である．

(iii)　まず $\alpha,\beta\in\mathbb{R}$ の場合に結果を示す．$\alpha u(x,y)+\beta v(x,y)$ が定数であることより，偏微分して $\alpha\partial u/\partial x+\beta\partial v/\partial x=0$, $\alpha\partial u/\partial y+\beta\partial v/\partial y=0$ となる．関係式 $(*)$ より v を消去して

$$\alpha\frac{\partial u}{\partial x}-\beta\frac{\partial u}{\partial y}=0,\quad \alpha\frac{\partial u}{\partial y}+\beta\frac{\partial u}{\partial x}=0$$

となる．(1 式) $\times\,\alpha$ + (2 式) $\times\,\beta$ により $(\alpha^2+\beta^2)\partial u/\partial x=0$．$\alpha^2+\beta^2>0$ より $\partial u/\partial x=0$ を得る．同様に $\partial u/\partial y=0$ となり u は定数関数となる．よって (ii) より f は定数関数となる．α, β が一般の複素数の場合には条件式の実部および虚部をとり 2 つの式を得る．

$$\mathrm{Re}(\alpha)\,u(x,y)+\mathrm{Re}(\beta)\,v(x,y)=d_1,\quad \mathrm{Im}(\alpha)\,u(x,y)+\mathrm{Im}(\beta)\,v(x,y)=d_2$$

$(\alpha,\beta)\neq(0,0)$ より $(\mathrm{Re}(\alpha),\mathrm{Re}(\beta))\neq(0,0)$ または $(\mathrm{Im}(\alpha),\mathrm{Im}(\beta))\neq(0,0)$ が成立する．よって上の 2 つの式の少なくとも一方について上で行った α, β が実数の場合の議論が適用されて結論を得る．

5.2　もしそのような正則関数 f が存在したなら，その虚部である $v=v(x,y)$ $(x=\mathrm{Re}(z),\ y=\mathrm{Im}(z))$ は x, y 変数に関して調和関数となる．しかし $\Delta v=\partial^2 v/\partial x^2+\partial^2 v/\partial y^2=2+2=4$ となり調和関数とならない．

5.3 (1) $\partial u/\partial x = 3x^2 - 3y^2$, $\partial u/\partial y = -6xy$, $\partial^2 u/\partial x^2 = 6x$, $\partial^2 u/\partial y^2 = -6x$. これより $\Delta u = 0$ が成立する．$u(x,y)$, $v(x,y)$ がコーシー・リーマン方程式を満たすとして

$$\text{(A)}\quad \frac{\partial v}{\partial x} = -\frac{\partial u}{\partial y} = 6xy, \qquad \text{(B)}\quad \frac{\partial v}{\partial y} = \frac{\partial u}{\partial x} = 3x^2 - 3y^2$$

となる．(A), (B) を積分して $v(x,y) = 3x^2y + \alpha(y)$, $v(x,y) = 3x^2y - y^3 + \beta(x)$ を得るが，両者は一致するので $3x^2y + \alpha(y) = 3x^2y - y^3 + \beta(x)$ から $\alpha(y) + y^3 = \beta(x)$ となる．左辺は x に依存せず，右辺は y に依存しない．よって両辺は定数関数 c となる．これより $\alpha(y) = -y^3 + c$ となり，$v(x,y) = 3x^2y - y^3 + c$ を得る．これにより正則関数 $z^3 + c\boldsymbol{i}$ を得る．

(2) 直接計算する．

$$\frac{\partial u}{\partial x} = e^x(x\cos y + \cos y - y\sin y), \qquad \frac{\partial u}{\partial y} = e^x(-x\sin y - \sin y - y\cos y)$$

$$\frac{\partial^2 u}{\partial x^2} = e^x(x\cos y + 2\cos y - y\sin y), \quad \frac{\partial^2 u}{\partial y^2} = e^x(-x\cos y + y\sin y - 2\cos y)$$

となり $\Delta u = 0$ となる．$u(x,y)$, $v(x,y)$ がコーシー・リーマン方程式を満たすとして

$$\text{(C)}\qquad \frac{\partial v}{\partial x} = -\frac{\partial u}{\partial y} = e^x(x\sin y + \sin y + y\cos y)$$

$$\text{(D)}\qquad \frac{\partial v}{\partial y} = \frac{\partial u}{\partial x} = e^x(x\cos y + \cos y - y\sin y)$$

となる．(C), (D) を積分して

$$v(x,y) = e^x(x\sin y + y\cos y) + \phi(y), \quad v(x,y) = e^x(x\sin y + y\cos y) + \psi(x)$$

となるが，両者は一致するので $\phi(y) = \psi(x)$ として共通の定数関数 c' となる．

$$u(x,y) + v(x,y)\boldsymbol{i} = e^x(x\cos y - y\sin y) + e^x(x\sin y + y\cos y)\boldsymbol{i} + c'\boldsymbol{i} = ze^z + c''$$

ここで c'' は定数である．

5.4 正則関数を $f(z) = u(x,y) + v(x,y)\boldsymbol{i}$ $(z = x + y\boldsymbol{i})$ とおく．このとき

$$f^*(z) = u(x,-y) - v(x,-y)\boldsymbol{i}$$

となる．まず f が複素微分可能であることから u, v それぞれ x, y 変数の関数として C^1 級であることに注意する．$U(x,y) = u(x,-y)$, $V(x,y) = -v(x,-y)$ とおいて，コーシー・リーマン方程式を見る．この関数も x, y 変数の関数として C^1 級である．さて

$$\frac{\partial U}{\partial x} - \frac{\partial V}{\partial y} = \frac{\partial u}{\partial x}(x,-y) - \left(-(-1)\frac{\partial v}{\partial y}(x,-y)\right) = \frac{\partial u}{\partial x}(x,-y) - \frac{\partial v}{\partial y}(x,-y) = 0$$

$$\frac{\partial U}{\partial y}+\frac{\partial V}{\partial x}=-\frac{\partial u}{\partial y}(x,-y)+\left(-\frac{\partial v}{\partial x}(x,-y)\right)=-\frac{\partial u}{\partial y}(x,-y)-\frac{\partial v}{\partial x}(x,-y)=0$$

となり $f^*(z)$ はコーシー・リーマン方程式を満たすので正則である.

5.5　$F(z)=zf(z)$ とおくと F は $\mathbb{C}\setminus\{0\}$ で正則で $|F(z)|\leqq c\ (0<|z|<\infty)$ が成立する．このことより 0 は F の除去可能特異点となる．よって F は $\mathbb{C}$ 上の有界な正則関数となりリウビルの定理により定数関数となる．従って $A\in\mathbb{C}$ があって $F(z)=zf(z)=A\ (z\neq 0)$ となる．よって $f(z)=A/z$ となる．逆にこの形の関数は条件を満たす.

5.6　ローラン展開を分析することで結論を得る.

5.7　$f(z)=z^4,\ g(z)=2z^3+3z^2+4z+5$ とおく．f,g は $\mathbb{C}$ で正則関数である．また $|z|=4$ において

$$|f(z)|=|z|^4=256$$
$$|g(z)|\leqq 2|z|^3+3|z|^2+4|z|+5\leqq 128+48+16+5=197<256$$

である．よって $|f(z)|>|g(z)|\ (|z|=4)$ であるからルーシェの定理により $f(z)$ と $f(z)+g(z)$ は $|z|<4$ の範囲では重複を込めて同数の零点をもつ．よって $f(0)=0$ なので $f+g$ は $|z|<4$ の範囲で零点をもつ.

5.8　$f\equiv 0$ または $g\equiv 0$ の場合は自明なので，それ以外の場合を考える.

$$f(z)=(z-a)^{\nu_a(f)}f^*(z),\quad g(z)=(z-a)^{\nu_a(g)}g^*(z)$$

と表現できる．ただし $f^*,\ g^*$ は a のある近傍で正則で $f^*(a)\neq 0,\ g^*(a)\neq 0$ である.

(1)　$f(z)g(z)=(z-a)^{\nu_a(f)+\nu_a(g)}f^*(z)g^*(z),\ f^*(a)g^*(a)\neq 0$ より結論を得る.

(2)　$1/f(z)=(z-a)^{-\nu_a(f)}(f^*(z))^{-1}$ により結論を得る.

(3)　$r=\min(\nu_a(f),\nu_a(g))$ とおく.

$$\begin{aligned}F(z):=f(z)+g(z)&=(z-a)^{\nu_a(f)}f^*(z)+(z-a)^{\nu_a(g)}g^*(z)\\&=(z-a)^r\Big((z-a)^{\nu_a(f)-r}f^*(z)+(z-a)^{\nu_a(g)-r}g^*(z)\Big)\end{aligned}$$

ここで場合分けをする.

(i) $\nu_a(f)>\nu_a(g)$　　(ii) $\nu_a(f)=\nu_a(g)$　　(iii) $\nu_a(f)<\nu_a(g)$

(i) のケース：$r=\nu_a(g),\ r<\nu_a(f)$

$$F(z)=(z-a)^r\Big(g^*(z)+(z-a)^{\nu_a(f)-r}f^*(z)\Big)$$

$g^*(a)\neq 0$ より a の近傍で考察して $\nu_a(F)=r$ となる.

(ii) のケース：$r = \nu_a(f) = \nu_a(g)$ で

$$F(z) = (z-a)^r \bigl(f^*(z) + g^*(z)\bigr)$$

もし $f^*(a) + g^*(a) \neq 0$ ならば $\nu_a(F) = r$，もし $f^*(a) + g^*(a) = 0$ ならば 2 つのケースあり．1 つは $f^*(z) + g^*(z) = (z-a)^\ell h(z)$ と書ける場合．ただし $\ell \in \mathbb{N}$，h は a の近傍で正則で $h(a) \neq 0$ である．この場合は $F(z) = (z-a)^{r+\ell} h(z)$, $h(a) \neq 0$. よって $\nu_a(F) = r + \ell > r$ である．もう 1 つは $f + g \equiv 0$ のケースである．この場合は $\nu_a(F) = \infty > r$ である．

(iii) のケース：f, g を交換して (i) の議論をすれば良い．

(i), (ii), (iii) より $\nu_a(F) \geqq r$ となる．

参考文献

[1] 佐武一郎，線型代数学，裳華房，1958.
[2] 齋藤正彦，線型代数入門，東京大学出版会，1966.
[3] 神保秀一・本多尚文，位相空間，数学書房，2011.
[4] 笠原晧司，微分積分学，サイエンス社，1974.
[5] 黒田成俊，微分積分，共立出版，2002.
[6] 藤家龍雄・岸正倫，関数論演習，サイエンス社，1988.
[7] 小松勇作，函数論，朝倉書店，1960.
[8] 林実樹廣・長坂行雄，複素関数概論，サイエンス社，2003.
[9] 武藤義夫，関数論，裳華房，1975.
[10] E. シュタイン・R. シャカルチ（新井ほか訳），複素解析（プリンストン解析学講義），日本評論社，2009.
[11] 佐藤宏樹，複素解析学，近代科学社，1991.
[12] 杉浦光夫，解析入門 I, II，東京大学出版会，1980, 1985.
[13] 溝畑茂，数学解析，上，下，朝倉書店，1973.
[14] 小平邦彦，複素解析，岩波書店，1991.
[15] H. カルタン（高橋禮司訳），複素函数論，岩波書店，1965.
[16] 松坂和夫，集合・位相入門，岩波書店，1968.
[17] 岩波 数学辞典（第 4 版），岩波書店，2006.
[18] 高木貞治，代数学講義，共立出版，1930.
[19] Edwin E. Moise, Geometric Topology in Dimensions 2 and 3, GTM 47, Springer, 1977.

索　引

た　行

な　行

は　行

ま　行

や 行

ら 行

わ 行

欧 字

著者略歴

本《ほん》 多《だ》 尚《なお》 文《ふみ》

1991 年　東京大学大学院理学系研究科博士課程修了
現　在　北海道大学大学院理学研究院数学部門教授
　　　　理学博士

神《じん》 保《ぼ》 秀《しゅう》 一《いち》

1987 年　東京大学大学院理学系研究科博士課程修了
現　在　北海道大学大学院理学研究院数学部門教授
　　　　理学博士

梅《うめ》 田《た》 陽《よう》 子《こ》

2010 年　北海道大学大学院理学院数学専攻博士後期課程修了
現　在　北海道大学大学院理学研究院数学部門准教授
　　　　博士（理学）

新・数理／工学ライブラリ［応用数学＝ **2**］
複素関数論の基礎

2024 年 2 月 10 日©　　　　初 版 発 行

著　者　本 多 尚 文　　　発行者　矢 沢 和 俊
　　　　神 保 秀 一　　　印刷者　大 道 成 則
　　　　梅 田 陽 子

【発行】　株式会社　数 理 工 学 社

〒151-0051　東京都渋谷区千駄ヶ谷 1 丁目 3 番 25 号
編集　☎ (03)5474–8661（代）　　サイエンスビル

【発売】　株式会社　サ イ エ ン ス 社

〒151-0051　東京都渋谷区千駄ヶ谷 1 丁目 3 番 25 号
営業　☎ (03)5474–8500（代）　振替 00170–7–2387
FAX　☎ (03)5474–8900

印刷・製本　（株）太洋社

ISBN978–4–86481–107–1

PRINTED IN JAPAN

サイエンス社・数理工学社の
ホームページのご案内
https://www.saiensu.co.jp
ご意見・ご要望は
suuri@saiensu.co.jp　まで．